2024

W0207594

BLF

Original-Prüfungsaufgaben
mit Lösungen

Sachsen

Mathematik 10. Klasse

STARK

19. ergänzte Auflage
www.stark-verlag.de

Inhalt

Besondere Leistungsfeststellung 2016

Besondere Leistungsfeststellung 2017

Besondere Leistungsfeststellung 2018

Besondere Leistungsfeststellung 2019

Besondere Leistungsfeststellung 2020

Besondere Leistungsfeststellung 2023

Sobald die Original-Prüfungsaufgaben 2023 freigegeben sind, können sie als PDF auf der Plattform MyStark heruntergeladen werden (Zugangscode auf der Umschlaginnenseite vorne im Buch).

Hinweis: In den Jahren 2021 und 2022 fand aufgrund der Coronapandemie keine zentrale BLF statt.

Autorin der Lösungen: Walburg Fruhnert
Autor der CAS-Einführung: Daniel Knöfel

Vorwort

Liebe Schülerin, lieber Schüler,

dieses Übungsbuch unterstützt Sie bei der optimalen Vorbereitung auf die **Besondere Leistungsfeststellung im Fach Mathematik** in der Klasse 10 des Gymnasiums.

- Im ersten Kapitel „**Hinweise und Tipps zur Besonderen Leistungsfeststellung**" erhalten Sie Informationen zum Ablauf und zur Bewertung der Besonderen Leistungsfeststellung. Außerdem finden Sie wertvolle Hinweise und Tipps zur Aufgabenbewältigung während der Besonderen Leistungsfeststellung. Zudem finden Sie auch einige Hinweise zum **Umgang mit dem CAS-Rechner inklusive Videos**.

- Außerdem erhalten Sie mit diesem Buch die **Original-Aufgaben der Besonderen Leistungsfeststellung von 2013 bis 2020** im Buch sowie die **Original-Prüfung 2023** auf der Plattform **MyStark zum Download**. Sie ermöglichen Ihnen während Ihrer Vorbereitungsphase eine Kontrolle, ob Sie bereits fit für die Prüfung sind. In den Jahren 2021 und 2022 fand aufgrund der Coronapandemie keine zentrale BLF statt.

- Sollten Sie einmal nicht weiterkommen, helfen Ihnen die **Lösungstipps**. Wenn Sie mit einer Aufgabe nicht zurechtkommen, schauen Sie deshalb nicht gleich in die Lösungen, sondern nutzen Sie schrittweise diese Lösungstipps, um selbst die Lösung zu finden.

- Zu allen Aufgaben finden Sie von mir ausgearbeitete **vollständige Lösungen**. Mit Ihnen können Sie eigenständig kontrollieren, ob Sie die Aufgaben richtig gelöst haben. Sie helfen Ihnen dabei, die einzelnen Rechenschritte genau nachzuvollziehen.

- Der Zugangscode auf der Umschlaginnenseite vorne im Buch ermöglicht Ihnen, Aufgaben im Rahmen eines **Online-Prüfungstrainings zum hilfsmittelfreien Teil der BLF** interaktiv zu lösen.

Sollten nach Erscheinen dieses Bandes noch wichtige Änderungen in der BLF 2024 vom Sächsischen Staatsministerium für Kultus bekannt gegeben werden, finden Sie aktuelle Informationen dazu unter www.stark-verlag.de/mystark (Zugangscode vgl. Umschlaginnenseite vorne im Buch).

Ich wünsche Ihnen für die Besondere Leistungsfeststellung viel Erfolg!

W. Fruhnert

Stichwortverzeichnis

Hinweise und Tipps zur Besonderen Leistungsfeststellung

Ablauf der Besonderen Leistungsfeststellung

Die Besondere Leistungsfeststellung im Fach Mathematik

In Umsetzung des Schulgesetzes für den Freistaat Sachsen nehmen Schülerinnen und Schüler der Klasse 10 seit dem Schuljahr 2005/2006 an der **Besonderen Leistungsfeststellung** (**BLF**) teil. Es wird je eine schriftliche Arbeit mit einem Zeitumfang von **90 Minuten** in den Fächern Deutsch, Englisch und Mathematik angefertigt.
Die **Durchführung der BLF** hat der Freistaat Sachsen für alle Gymnasien einheitlich geregelt. Grundlage der Aufgabenstellungen sind die Inhalte des jeweiligen Lehrplans des Gymnasiums bis einschließlich der Klasse 10 sowie der Bildungsstandards der Kultusministerkonferenz für den Mittleren Schulabschluss im Fach Mathematik vom 4. Dezember 2003. Aufgrund des früheren Prüfungstermins seit 2019 sind folgende Themengebiete der Klasse 10 ausgenommen:[1]

- aus dem Lernbereich 4 (Funktionale Zusammenhänge) in Klasse 10:
  - Übertragen des Wissens zu speziellen Funktionen auf Verknüpfungen und Verkettungen von Funktionen
  - Verknüpfung der Funktionen $y = \sin(x)$ und $y = \cos(x)$ zu $y = \tan(x)$
  - Kennen einer Systematisierung von reellen Funktionen
  - Beherrschen charakteristischer Eigenschaften und des Verlaufs der Graphen der Funktionen $y = x$, $y = x^2$, $y = \sqrt{x}$, $y = \frac{1}{x}$, $y = \ln x$, $y = e^x$, $y = \sin(x)$ ohne Verwendung von Hilfsmitteln
  - Einblick gewinnen in die Parameterdarstellung von Kurven am Beispiel der Darstellung des Kreises
  - Kennen von Zahlenfolgen als spezielle Funktionen
  - explizite und rekursive Bildungsvorschriften
  - Schranke, Grenzwert
- Lernbereich 5 (Vernetzung: Zinsrechnung) in Klasse 10

Da diese Themengebiete ohnehin nur einen geringen Anteil in den Prüfungsaufgaben der letzten Jahre eingenommen haben, eignen sich alle Jahrgänge in diesem Buch auch zur Vorbereitung auf die BLF 2024. Einzelne Aufgaben im Teil A, die Eigenschaften der Funktionen $y = \frac{1}{x}$ und $y = \sin(x)$ abfragen, gehen u. U. über den aktu-

1 Ministerialblatt des Sächsischen Staatsministeriums für Kultus 6/2019

ellen Prüfungsstoff hinaus. Erkundigen Sie sich bei Ihrem Fachlehrer bei Unklarheiten.

Für Schüler, die am Ersttermin aus Krankheitsgründen nicht teilnehmen können, gibt es einen Nachtermin. Die besondere Leistungsfeststellung wird in der Regel in der ersten und zweiten Unterrichtsstunde geschrieben.

Aufbau der BLF

Im Fach **Mathematik** besteht die schriftliche Arbeit der BLF aus den Teilen A und B. Beide Teile hat der Schüler innerhalb der 90-minütigen Arbeitszeit zu bewältigen. **Teil A** enthält mehrere Aufgaben geringer Komplexität zu grundlegenden mathematischen Sachverhalten (**mathematisches Grundwissen**), darunter auch Aufgaben mit Auswahlcharakter. Zur Bearbeitung der Aufgaben des Teils A sind **25 Minuten** vorgesehen. Zugelassene **Hilfsmittel** für Teil A sind nur Zeichengeräte und Zeichenhilfsmittel sowie ein nichtelektronisches Wörterbuch der deutschen Rechtschreibung. **Teil B** beinhaltet Aufgaben mit höherem Komplexitätsgrad zu grundlegenden mathematischen Sachverhalten und deren Anwendung, darunter eine Aufgabe, die verschiedene mathematische Teilgebiete vernetzt. Der Arbeitszeitanteil umfasst **65 Minuten**. Im Teil B sind als Hilfsmittel zugelassen: nichtelektronisches Wörterbuch der deutschen Rechtschreibung, Zeichengeräte und Zeichenhilfsmittel, Tabellen- und Formelsammlung sowie ein grafikfähiger programmierbarer Taschenrechner ohne oder mit Computer-Algebra-System. Teilnehmer mit Migrationshintergrund können zusätzlich ein zweisprachiges nichtelektronisches Wörterbuch (Deutsch-Herkunftssprache/Herkunftssprache-Deutsch) verwenden.

Leistungsanforderung und Bewertung

Die **Note der BLF** fließt mit doppelter Gewichtung wie eine Note für eine Klassenarbeit in die Ermittlung der Zeugnisnote im jeweiligen Fach ein. Sie hat daher eine wesentliche Bedeutung für das erfolgreiche Bestehen der Jahrgangsstufe 10 und das Vorrücken in die Jahrgangsstufe 11. Alle Schülerinnen und Schüler des Gymnasiums erwerben mit dieser Versetzung einen mit dem Realschulabschluss gleichgestellten mittleren Bildungsabschluss.
In die **Bewertung** geht zunächst einmal die fachliche Richtigkeit und Vollständigkeit ein. Ein weiteres wichtiges Bewertungskriterium stellt die Darstellungsqualität dar, in welche der richtige Einsatz der Fachsprache und die Strukturiertheit der Ausführungen einfließen. Selbstverständlich geht auch die Sprachrichtigkeit (Rechtschreibung, Grammatik, Zeichensetzung) bei Erläuterungen, Beschreibungen etc. in die Bewertung ein. Verstöße gegen die sprachliche Korrektheit oder die saubere äußere Form führen zum Punktabzug.

Wesentliche Operatoren

Bei der Formulierung der zentralen Prüfungsaufgaben werden sogenannte **Operatoren** verwendet, die sicherstellen sollen, dass alle Schüler und Lehrer unter einer bestimmten Aufgabenstellung das Gleiche verstehen. Damit Sie die Aufgabenstellungen korrekt erfassen können, sind die wesentlichen Operatoren in der nachfolgenden Liste angeführt.

Arbeitsauftrag	**Definition**	**Beispiele**
angeben, nennen	Das Ergebnis wird ohne die Darstellung des Lösungsweges und ohne Begründungen oder Erläuterungen numerisch oder verbal formuliert.	2014 Teil A Aufgabe 3 2015 Teil A Aufgabe 9.1 2016 Teil A Aufgabe 8.1
beschreiben	In vollständigen Sätzen wird der Sachverhalt oder das Verfahren unter Berücksichtigung der Fachsprache dargestellt.	–
ermitteln, bestimmen	Der Lösungsweg wird dargestellt und das Ergebnis formuliert. Die Wahl der Mittel bleibt offen, kann aber auch eingeschränkt werden (z. B „Ermitteln Sie grafisch" oder „Bestimmen Sie rechnerisch").	2013 Teil A Aufgabe 8 2014 Teil B Aufgabe 2.2 2015 Teil B Aufgabe 2.1 2016 Teil A Aufgabe 7.1
berechnen	Die Berechnung ist ausgehend von einem Ansatz darzustellen (mit oder ohne grafikfähigem, programmierbarem Taschenrechner, mit oder ohne Computer-Algebra-System). Die Verwendung von GTR-Programmen ist zulässig, nur die grafische Werkzeugebene (GRAPH-, DYNA-Menü) ist ausgeschlossen.	2013 Teil B Aufgabe 1.2 2015 Teil A Aufgabe 9.3 2016 Teil B Aufgabe 2.3
zeichnen, grafisch darstellen	Der Sachverhalt wird maßstäblich dargestellt, ggf. werden Wertepaare (z. B. bei einer Funktionsdarstellung) berechnet.	2014 Teil A Aufgabe 9.1 2016 Teil A Aufgabe 8.1
zeigen, nachweisen, beweisen, begründen	Aussagen oder Sachverhalte sind durch logisches Schließen zu bestätigen. Die Art des Vorgehens kann – sofern nicht durch einen Zusatz anders festgelegt – frei gewählt werden. Das Vorgehen ist vollständig nachvollziehbar darzustellen.	2013 Teil A Aufgabe 9 2015 Teil B Aufgabe 1.2 2016 Teil B Aufgabe 3.2

Vorbereitung

- Bereiten Sie sich langfristig auf die BLF vor, am besten fangen Sie schon 12 Wochen vor dem angesetzten Termin an. Neben der notwendigen Übung und Sicherheit im Umgang mit mathematischen Problemen entdecken Sie so frühzeitig noch eventuelle Lücken und können diese schließen.
- Planen Sie Ihren Lernablauf: Fertigen Sie sich eine Übersicht über die von Ihnen bereits bearbeiteten Themen, Inhalte und Verfahren an. Teilen Sie die Inhalte in sinnvolle Teilbereiche ein und legen Sie fest, bis zu welchem Zeitpunkt Sie welche Teilbereiche bearbeitet haben wollen. Eine übersichtliche schriftliche Arbeitsweise erleichtert auch spätere Wiederholungen.
- Wiederholen Sie kurz die Inhalte, die Ihnen schon geläufig sind und erarbeiten Sie danach ausführlich die Themen, die Ihnen bislang unklar sind. Arbeiten Sie dazu die Themengebiete zunächst allein durch. Wenn Sie die Grundlagen einigermaßen sicher beherrschen, können Sie dann mit einem Partner oder in einer kleinen Gruppe noch spezielle Fragen klären.
- Benutzen Sie zur Vorbereitung auf die BLF neben diesem Übungsbuch Ihre Unterrichtsaufzeichnungen und das Lehrbuch.
- Verwenden Sie bei der Vorbereitung grundsätzlich die Hilfsmittel, die auch in der BLF zulässig sind. Nutzen Sie das Tafelwerk und den Taschenrechner effektiv.
- Testen Sie an geeigneten Aufgaben, ob Sie mit der vorgegebenen Zeit zurechtkommen. Ansonsten hilft nur Training, um die BLF in der vorgegebenen Zeit lösen zu können.

Bearbeitung der Prüfung

Das Lösen von Mathematikaufgaben ist für Sie an sich selbstverständlich nichts Neues. Auch in der BLF werden Ihnen keine völlig neuen Aufgaben begegnen, auf die Sie nicht vorbereitet wurden. Sie können also prinzipiell all die „Strategien" anwenden, die Sie bisher auch bei all Ihren Klassenarbeiten verfolgt haben.
Wegen der Vielfalt der Aufgabenarten und der Tatsache, dass die Aufgaben der schriftlichen Arbeit nicht von Ihrem Fachlehrer gestellt werden, stellt die BLF dennoch eine Herausforderung dar. Hinzu kommt, dass Ihnen mit 90 Minuten Arbeitszeit nur ein recht knapper zeitlicher Rahmen für die Bearbeitung zur Verfügung steht. Daher können Ihnen einige Tipps helfen, diese Situation erfolgreich zu meistern:

- Lesen Sie die Aufgabenstellungen sehr aufmerksam auf **Hinweise auf den Lösungsansatz sowie wichtige Größen** im Aufgabentext und in den Skizzen hin durch.
- Eine vollständige **Skizze** erleichtert oft den Einstieg in eine komplexe Aufgabe. Tragen Sie in Ihre Lösungsskizze daher alle Größen ein, die in der Aufgabe genannt werden. Markieren oder skizzieren Sie auch das Gesuchte.

- Notieren Sie Zwischenschritte, auch wenn es nicht explizit verlangt wird. Es erleichtert Ihnen die Kontrolle der Richtigkeit des Lösungsweges.
- Formulieren Sie Übergänge und Zwischenüberlegungen **in klaren und überschaubaren Sätzen**. Formulieren Sie am Ende Ihrer Lösung ein vollständiges Ergebnis.
- Bei der Nutzung von GTR-Programmen ist auf diese zu verweisen, es müssen auch die Ein- und Ausgabedaten angeführt sein. Beim grafischen Ermitteln von Lösungen kann dies durch das Anfertigen einer Zeichnung oder durch die Darlegung der Lösungsschritte beim grafischen Lösen mit dem GTR erfolgen.
- Verwenden Sie nicht zu viel Zeit bei einer Aufgabe. Finden Sie nach längerer Überlegung keinen Lösungsansatz oder kommen Sie aufgrund eines Fehlers nicht weiter, wechseln Sie lieber zu einer anderen Aufgabe.
- Achten Sie auf die sprachliche Richtigkeit und eine saubere äußere Form Ihrer Lösungsdarstellungen.
- Planen Sie einen nicht zu knappen **Zeitraum für die Überprüfung** der Rechnungen ein. Beachten Sie bei einer eventuellen Korrektur, dass auch diese noch lesbar und nachvollziehbar sein muss!
- Versehen Sie am Ende der Bearbeitungszeit **alle Blätter** mit Ihrem Namen und nummerieren Sie die einzelnen Seiten durch.

Hinweise zum Einsatz des CAS-Rechners Casio Classpad FX-CP400

Die besondere Leistungsfeststellung besteht aus den Teilen A und B. Für den Teil B gehört ein Taschenrechner mit Computer-Algebra-System zu den zugelassenen Hilfsmitteln. Nachfolgend werden einige mathematisch grundsätzliche Einstellungen des Taschenrechners besprochen, sowie Hinweise zur Lösungsdarstellung in fachspezifischen Anforderungen dargelegt.

Einstellungen

Am unteren Bildschirmrand befindet sich eine stationäre Menüleiste:

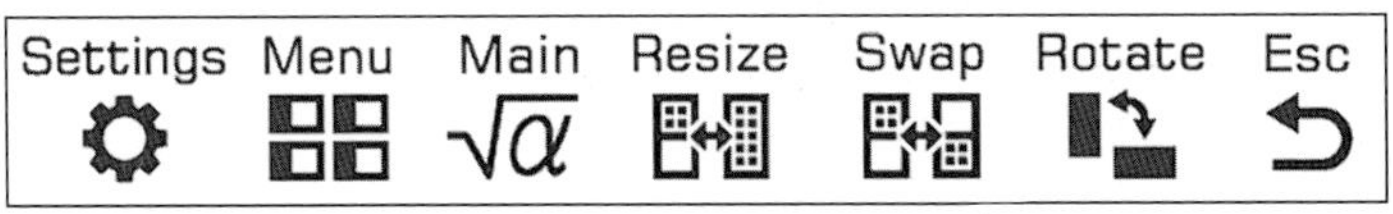

- **Settings**
  öffnet in jedem Anwendungsfenster das Einstellungsmenü zum Festlegen der Fenstereinstellungen, Grundformate (Zahlenformat, Winkelmaße) und Grafikformate zur Darstellung der Funktionen. Zu beachten ist hier bspw., dass eine unterschiedliche Definition des Winkelmaßes zwischen Main-Menü und Geometrie-Menü möglich ist.
- **Menu**
  führt auf den Startbildschirm zurück

- **Main**
  führt direkt in die Hauptanwendung für numerische und symbolische Rechenoperationen
- **Resize**
  schaltet in Anwendungen mit geteilten Fenstern zwischen einer Vollanzeige und einer Teilanzeige um
- **Swap**
  wechselt die Anordnung der Teilanzeigen
- **Rotate**
  schaltet zwischen Hoch- und Querformat um
- **Esc**
  führt auf die Startbildschirme der Anwendungen zurück

Auf der Hardwareoberfläche des Rechners unterhalb des Touchpads lässt sich mittels *Keyboard* in den Anwendungen für numerische Berechnungen eine mehrere Ebenen umfassende Eingabemöglichkeit im Eingabefenster aktivieren. Auf dieser sind die Nutzung mathematischer Operatoren und die Definition von Variablen möglich.

Variablen im Anwendungskontext Lösen von Gleichungen

Vor der Nutzung von Variablen im Fall neuer Aufgaben ist es ratsam, über *Settings* den Variablenmanager aufzurufen und alle gespeicherten Variablenbelegungen zu löschen und damit Doppelverwendungen zu vermeiden.
Auf der Hardwaretastatur besteht die Möglichkeit zur Auswahl der Variablen x, y, z. Diese werden standardgemäß erkannt und müssen bspw. beim Lösen von Gleichungen nicht zusätzlich adressiert werden.

```
solve(2xx−16=x^2)
                    {x=−4, x=4}
```

Tabelle 1: Lösen von Gleichungen bei Nutzung der Standardvariablen

In der Hauptanwendung können per virtueller Tastatur und dem Reiter *Var* weitere Variablen genutzt werden. Der Rechner fasst hierbei Termstrukturen automatisch zusammen und interpretiert jeden Buchstaben als gesonderte Variable. Hier wird es beim Lösen von Gleichungen notwendig, die zu lösende Variable per Syntax anzusprechen.

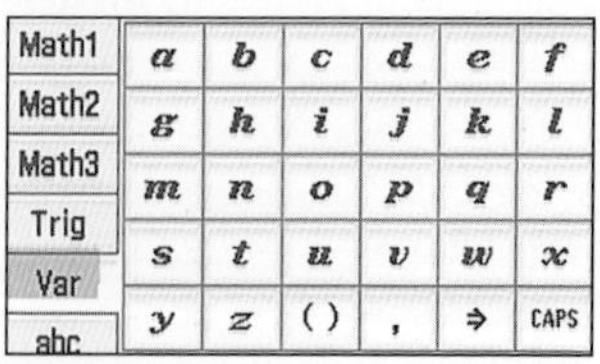


```
aaabbacccc
                    a^4·b^2·c^4
```

```
solve(2aa−16=a^2, a)
                    {a=−4, a=4}
```

Tabelle 2: Zusammenfassen von Termen und Lösen von Gleichungen bei Nutzung zusätzlicher Variablen

Darüber hinaus lassen sich per virtueller Tatstatur zusätzliche Kombinationen als Variablen einstellen. Diese beschränken sich auf maximal 8 Zeichen. Jede Kombination muss für Berechnungen durch mathematische Operatoren getrennt werden.

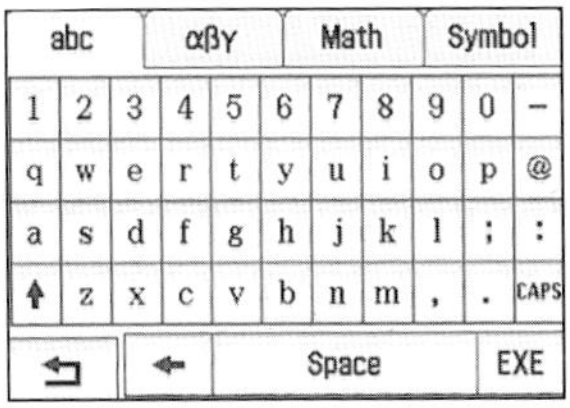

2×mathe×3×mathe−6×mathe 6·mathe^2−6·mathe	solve(2×mathe×mathe−16=mathe^2, mathe) {mathe=−4, mathe=4}

Tabelle 3: Zusammenfassen von Termen und Lösen von Gleichungen bei Nutzung von Variablenstrings

Termumformungen per Befehl:

Einfache Termstrukturen wie z. B. Potenzen werden nach Eingabe verkürzt dargestellt. Umfangreichere Verknüpfungen erfordern weiterführende Befehle. Diese können entweder aus dem Menü *Aktion/Umformungen* entnommen oder per Tastatur eingegeben werden.

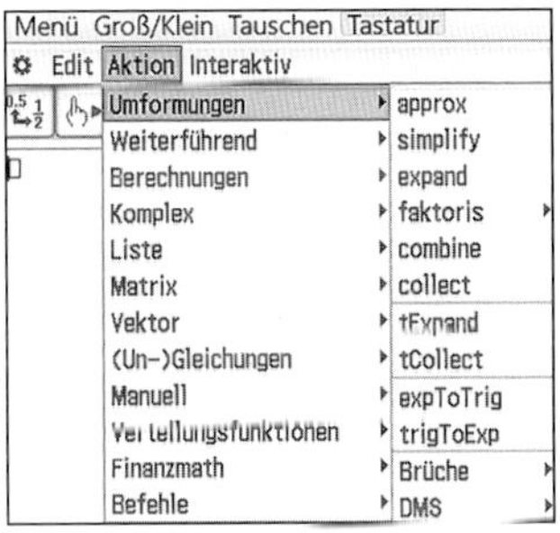	*simplify* simplify((x^2−x)/(x^3+x^2)) $\frac{x-1}{x\cdot(x+1)}$	vereinfachen
	expand expand((x+1)(x−2)) x^2-x-2	ausmultiplizieren
	faktor, rfaktor rFaotor(x^2−4x−5) (x+1)·(x−5)	faktorisieren, zerlegen in Linearfaktoren
	combine define f(x)=x^2+2 define g(h)=h+2 combine(f(g(h))) $h^2+4\cdot h+6$	Terme verbinden und verketten

	*define* Define f(x)=x^3-8 done f(3) **19** solve(f(x)=56) {x=4}	Funktionen definieren und berechnen von Funktionswerten oder Argumenten

Tabelle 4: Weiterführende Umformungen von Termstrukturen mittels Befehlen

Variablen im Anwendungskontext Lösen von Gleichungssystemen

Häufig werden im Aufgabenteil B anwendungsbezogene Aufgaben formuliert und mittels mathematischer Modellbildung Lösungen für detailbezogene Fragestellungen erwartet. Mit dem Classpad bestehen mehrere Möglichkeiten zur Abbildung und Lösung von Gleichungssystemen. Diese werden zur Modellbildung genutzt, wenn der beschriebene Sachverhalt in der Aufstellung von mehreren Gleichungen mit jeweils derselben Lösung dargestellt wird.

Beispiel:

Der Querschnitt einer Flutrinne mit linksseitiger Böschung senkrecht zur Flussrichtung wird modellhaft durch die Funktion $f(x)=\frac{1}{3}x^2$ $(x \in \mathbb{R}; -9 \le x \le a)$ beschrieben.

Die Rinne füllt sich, wenn der Wasserstand rechtseitig über die Querschnittsfläche (hier modelliert als Gerade) $g(x)=-\frac{3}{4}x+\frac{21}{4}$ $(x \in \mathbb{R}; a \le x \le 7)$ steigt.

Bestimmen Sie, ab welcher Höhe des Wasserstandes die Abflussrinne mit Wasser gefüllt wird.

Lösung durch Nutzung der Anwendung: 

Eingabe der Funktionen: 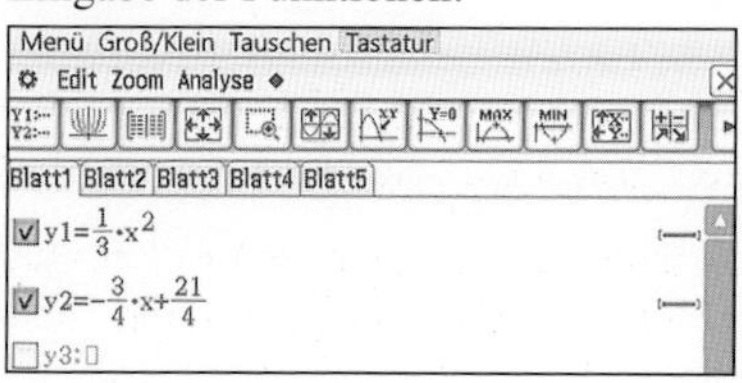	Einstellung des Fensterausschnittes:  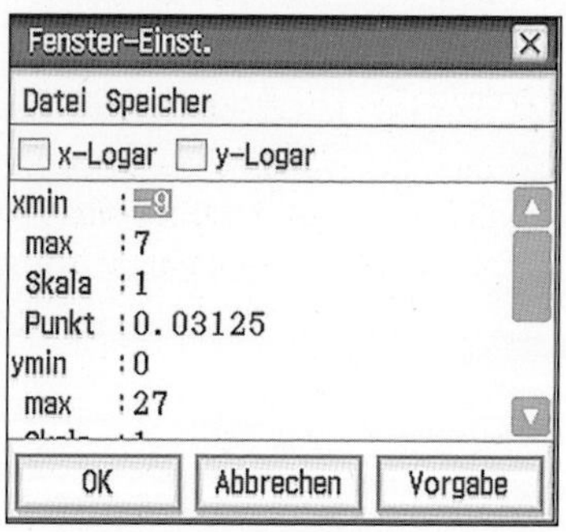

Grafische Darstellung der Funktionen: 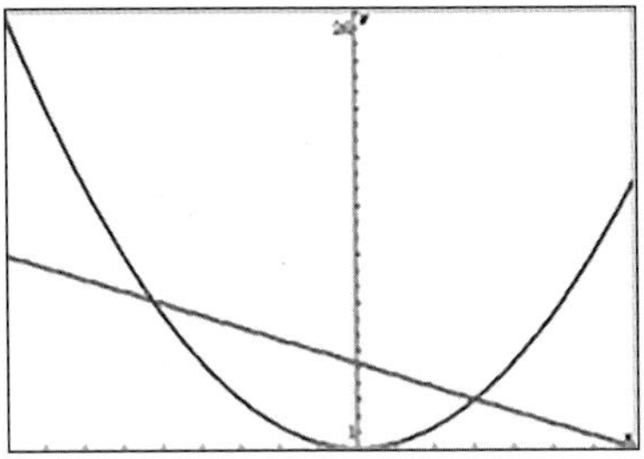	Berechnung der Schnittpunktkoordinaten nach Markierung des Grafikfensters: *Schnittpunkt*  Mithilfe der Cursortasten kann zwischen den Schnittpunkten gewechselt werden. Der y-Wert des rechten Schnittpunktes stellt in diesem Beispiel die Lösung dar.

Tabelle 5: Darstellung funktioneller Zusammenhänge

Lösung durch Nutzung der Hauptanwendung: 

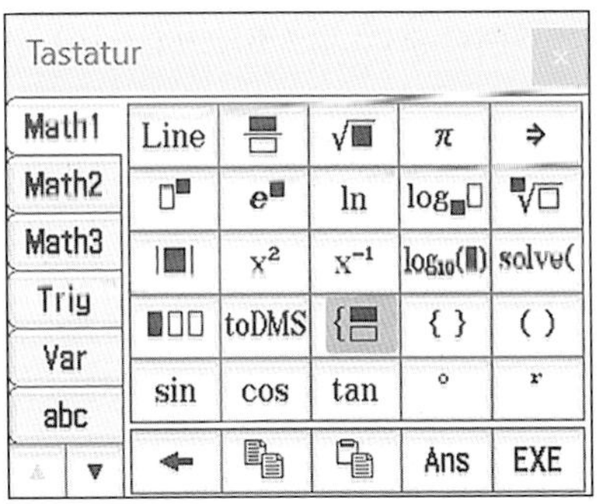 	Eingabe der Funktionen: 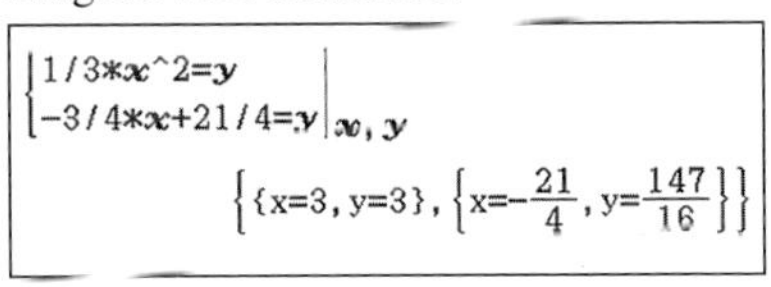

Tabelle 6: Lösen von Gleichungssystemen ohne grafische Veranschaulichung

Der Vorteil dieser Methode gegenüber der grafischen Lösung liegt in der Erweiterbarkeit des Systems auf beliebig viele Variablen und Gleichungen durch mehrmaliges Auswählen der markierten Schaltfläche.

Analyse von Funktionen

Beispiel:
Eine Funktion $f(x) = 3 \cdot \sin(2x)$ ist für $x \in \mathbb{R}$ und $-\pi \leq x \leq \pi$ gegeben. Geben Sie einen Minimumpunkt dieser Funktion an und bestimmen Sie den Abstand zum nächsten Minimum im angegebenen Definitionsbereich. Geben Sie den Wertebereich der Funktion an.

Es ist sinnvoll, die beschriebene Funktion im Definitionsbereich zu zeichnen. Zuerst wird die Funktion im Grafik & Tabelle-Menü eingegeben und über das Winkelmaß in der Grafikanzeige festgelegt.

Dieses sollte aufgrund der Angabe des Definitionsbereiches der Funktion im Bogenmaß geschehen. Anschließend kann mittels in die Einstellungen der Anzeige gewechselt werden. Wenn keine Vorstellung darüber vorliegt, in welchen Abschnitten die Abszisse (x-Achse) und Ordinate (y-Achse) präsentiert werden sollen, empfiehlt sich die Auswahl *Vorgabe-Speicher-Auto.*

So erstellt das CAS-System selbstständig eine sinnvolle Darstellung der Funktion und es können grundsätzliche Eigenschaften dieser qualitativ abgelesen werden.

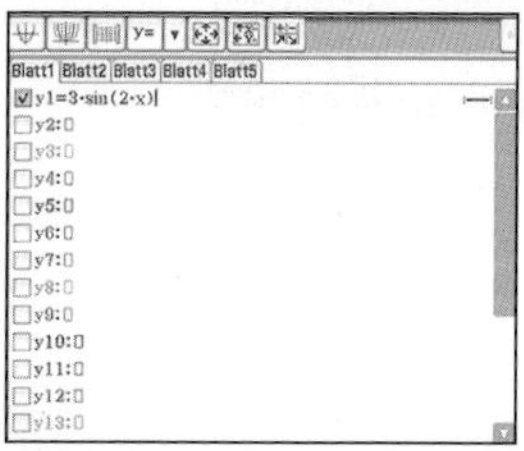

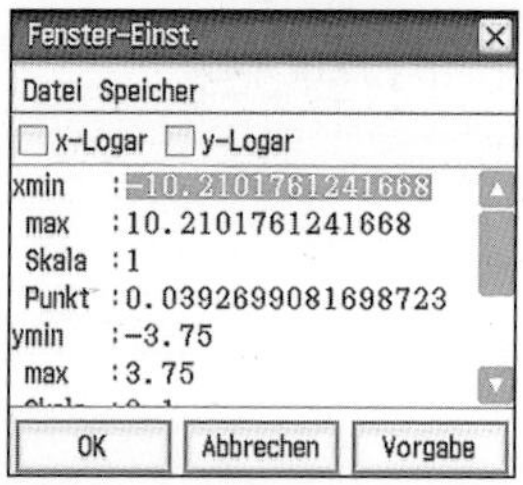

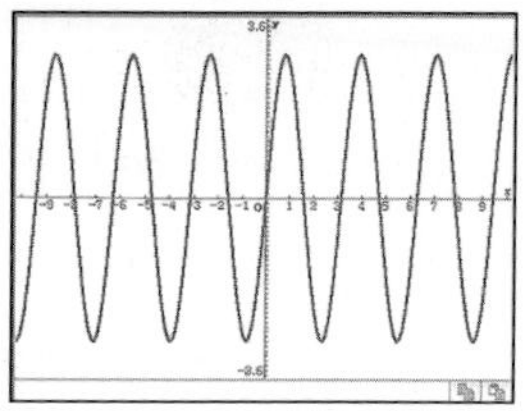

Tabelle 7: Schrittfolge geeignete Funktionsdarstellung

Nun ist die Funktion auf ihrem Wertebereich sinnvoll dargestellt und kann auf ihrem Definitionsbereich eingeschränkt werden. Hierbei ist zu beachten, dass π nur als gerundete Dezimalzahl eingegeben werden kann und dafür wiederum nicht das Komma, sondern ein Punkt als Trennzeichen zu nutzen ist.
Vorteile im Übungsprozess bietet die Möglichkeit zur Speicherung bestimmter Fensterausschnitte. Hierfür kann mittels des Reiters *Datei – Datei speichern* die genutzte Einstellung unter einem frei wählbaren Namen im System dauerhaft hinterlegt werden.

Nachdem nun die Funktion auf dem geforderten Bereich sinnvoll dargestellt ist, lassen sich die gewünschten Eigenschaften berechnen. Dafür muss das Grafikfenster markiert sein. Man erkennt das am blauen Rahmen. Nun werden mittels der Befehle *Analyse-grafische Lösung-fMin* die beiden sichtbaren Minima aktiviert und das linke Minimum mit $x_C = -0{,}785398$ und $y_C = -3$ angezeigt.

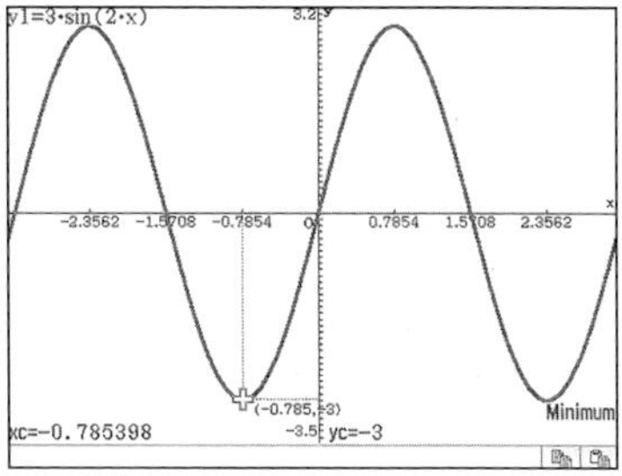

Mit dem Umschalten (rechte und linke Cursortaste) lässt sich das zweite sichtbare Minimum mit $x_C = 2{,}3561945$ und $y_C = -3$ darstellen.

Der Wertebereich der Funktion wird begrenzt durch die Ordinatenwerte der Maxima und Minima. Das Maximum kann mittels *Analyse-grafische Lösung-fMax* ausgelesen werden und so ist der Wertebereich auf $W_f = \{y \in \mathbb{R} \mid -3 \leq y \leq 3\}$ zu begrenzen.

Weitere Schritt für Schritt Anleitungen per Video zu bestimmten Themen, finden Sie unter folgenden QR-Codes:

Funktionsgraphen zeichnen

Nullstellen berechnen

Funktionswerte und Wertetabelle

Besondere Leistungsfeststellung Mathematik Sachsen
2013

Teil A

(ohne Nutzung von Tabellen- und Formelsammlung sowie Taschenrechner)

In den Aufgaben 1 bis 6 ist von den jeweils fünf Auswahlmöglichkeiten genau eine Antwort richtig. Kreuzen Sie das jeweilige Feld an.

1 Ein Kreissektor mit dem Zentriwinkel 72° stellt in einem Kreisdiagramm folgenden Prozentsatz dar: (1 BE)

☐ 5 %   ☐ 10 %   ☐ 20 %   ☐ 72 %   ☐ 75 %

2 In jedem rechtwinkligen Dreieck gilt: Der Sinus eines spitzen Winkels ist gleich (1 BE)

☐ $\frac{\text{Gegenkathete}}{\text{Ankathete}}$ ☐ $\frac{\text{Ankathete}}{\text{Gegenkathete}}$ ☐ $\frac{\text{Hypotenuse}}{\text{Gegenkathete}}$ ☐ $\frac{\text{Gegenkathete}}{\text{Hypotenuse}}$ ☐ $\frac{\text{Ankathete}}{\text{Hypotenuse}}$

3 Gegeben sind die Funktionen f_1 bis f_5 jeweils in ihrem maximalen Definitionsbereich. Entscheiden Sie, welche dieser Funktionen die Nullstellen –1 und 4 besitzt. (1 BE)

☐ $f_1(x) = 4 \cdot x + 4$ ☐ $f_2(x) = \sin\left(\frac{x}{4}\right)$ ☐ $f_3(x) = \frac{3}{(x-4)^2}$

☐ $f_4(x) = 4^x$ ☐ $f_5(x) = x^2 - 3 \cdot x - 4$

4 Gegeben sind die Funktionen f_1 bis f_5 jeweils in ihrem maximalen Definitionsbereich. Entscheiden Sie, welcher der Graphen dieser Funktionen symmetrisch zur y-Achse ist. (1 BE)

☐ $f_1(x) = \frac{1}{x^2}$ ☐ $f_2(x) = -e^x$ ☐ $f_3(x) = -0{,}5 \cdot x^3$ ☐ $f_4(x) = -3 \cdot x$ ☐ $f_5(x) = \sin x$

5 Der Term $\sqrt{\frac{4}{s-1}}$ ist nur für die Werte s ($s \in \mathbb{R}$) definiert, die folgende Bedingung erfüllen: (1 BE)

☐ $s \geq 0$ ☐ $s \neq 1$ ☐ $s > 1$ ☐ $s \leq 1$ ☐ $s \leq 0$

6 Ein Glücksrad mit vier gleich großen Sektoren (siehe Abbildung) wird genau dreimal gedreht.
Mit welchem Term berechnet man die Wahrscheinlichkeit dafür, dass man drei gleiche Symbole erhält?

(1 BE)

☐ $\frac{1}{4} \cdot \frac{1}{3} \cdot \frac{1}{2}$ ☐ $\frac{1}{4} + \frac{1}{4} + \frac{1}{4}$ ☐ $\left(\frac{1}{4}\right)^3$ ☐ $3 \cdot \left(\frac{1}{4}\right)^3$ ☐ $4 \cdot \left(\frac{1}{4}\right)^3$

7 Gegeben sind die Punkte A(–1 | 1), B(3 | 1) und C(2 | 3).

7.1 Tragen Sie die Punkte A, B und C in das vorbereitete Koordinatensystem ein.

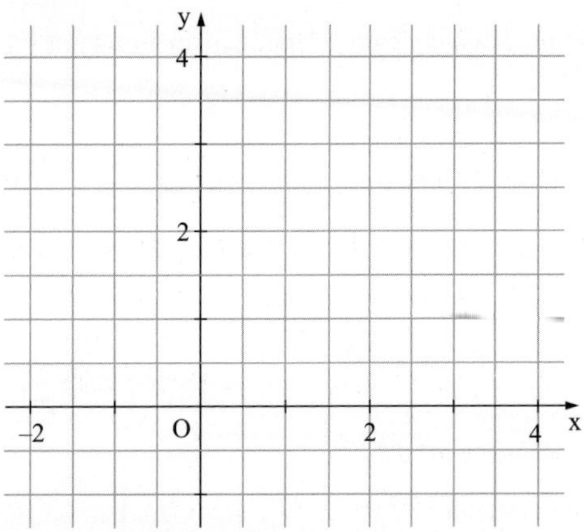

(1 BE)

7.2 Gesucht sind die Koordinaten eines Punktes D, sodass gilt: das Viereck ABCD ist ein Trapez mit den parallelen Seiten $\overline{AB}$ und $\overline{CD}$ sowie mit dem Flächeninhalt 6.
Geben Sie die Koordinaten eines solchen Punktes an.

D(___ | ___)

Weisen Sie nach, dass der Flächeninhalt tatsächlich den Wert 6 besitzt. (3 BE)

8 Im Prospekt eines Hotels ist angegeben, dass insgesamt 45 Betten in Ein- und Zweibettzimmern zur Verfügung stehen. Außerdem weist der Prospekt die Gesamtanzahl von 26 Zimmern aus.
Ermitteln Sie jeweils die Anzahl der Ein- und Zweibettzimmer. (3 BE)

9 Die Katheten eines rechtwinkligen Dreiecks sind 6 cm und 3 cm lang. Durch Rotation dieses Dreiecks um die Kathete mit der Länge 6 cm entsteht ein gerader Kreiskegel.
Zeigen Sie, dass dieser Kreiskegel das Volumen $18 \cdot \pi \text{ cm}^3$ hat. (2 BE)

Teil B

1 Gegeben sind die Funktion f durch $y = f(x) = x^2 + 2 \cdot x - 3 \ (x \in \mathbb{R})$ und die Koordinaten eines Punktes $A(-4 | 5)$.

1.1 Zeigen Sie, dass der Punkt A auf dem Graphen der Funktion f liegt. (1 BE)

1.2 Berechnen Sie den Abstand des Punktes A vom Koordinatenursprung. (2 BE)

1.3 Bestimmen Sie alle Argumente des Definitionsbereiches der Funktion f, für welche die Funktionswerte negativ sind. (2 BE)

1.4 Der Graph der linearen Funktion g schneidet den Graphen der Funktion f in den Punkten A und $B(x_B | -4)$.

1.4.1 Geben Sie die Koordinate x_B an. (1 BE)

1.4.2 Ermitteln Sie eine Gleichung der Funktion g. (2 BE)

2 Das Völkerschlachtdenkmal ist das größte Wahrzeichen der Stadt Leipzig und feiert im Jahr 2013 seinen 100. Geburtstag.

2.1 Die Gesamtmasse des Völkerschlachtdenkmals beträgt 300 000 t. Diese Gesamtmasse stammt zu 90 % vom verbauten Beton, der die Dichte $2{,}25 \frac{\text{t}}{\text{m}^3}$ besitzt.
Berechnen Sie das Volumen des verbauten Betons. (2 BE)

2.2 Die Tabelle zeigt die Besucherzahlen des Völkerschlachtdenkmals.

Jahr	2007	2008	2009	2010	2011
Besucherzahl	186 737	180 242	189 693	179 611	200 319

2.2.1 Ermitteln Sie die Abweichung der Besucherzahl im Jahr 2011 vom arithmetischen Mittel der Besucherzahlen von 2007 bis 2011. (2 BE)

2.2.2 Geben Sie die Standardabweichung für die gegebenen Besucherzahlen an. (1 BE)

2.3 Von der Plattform des Völkerschlachtdenkmals (V) kann man den Rathausturm (R) und das City-Hochhaus (C) unter einem Winkel von 7,5° sehen. Die direkte Entfernung vom Rathaus zum Völkerschlachtdenkmal beträgt 3 920 m und die direkte Entfernung vom City-Hochhaus zum Völkerschlachtdenkmal beträgt 3 730 m. Berechnen Sie die direkte Entfernung vom Rathausturm zum City-Hochhaus.

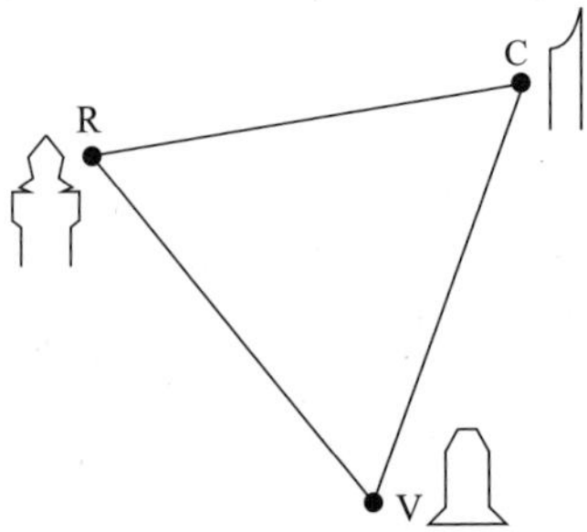

Abbildung (nicht maßstäblich) (2 BE)

3 Turmspringer trainieren sehr oft in Variosprungbecken. Dies sind Becken mit höhenverstellbarem Boden, sodass die Wassertiefe variiert werden kann. Für ein gefahrloses Springen von Sprungtürmen schreibt die FINA[1] für die jeweiligen Absprunghöhen Mindestwassertiefen vor.

Die Mindestwassertiefe in Abhängigkeit von der Absprunghöhe kann näherungsweise durch die nachstehende Funktionsgleichung beschrieben werden:

$t(h) = 3{,}095 \cdot 1{,}038^h \quad (h \in \mathbb{R};\ 1{,}0 \le h \le 10{,}0)$

Dabei haben die Variablen folgende Bedeutung:

h Absprunghöhe in Meter

t Mindestwassertiefe in Meter

3.1 Ein Variosprungbecken ist quaderförmig und 14,0 m lang, 12,5 m breit sowie zunächst 3,9 m tief. Es ist randvoll mit Wasser gefüllt.

3.1.1 Zeigen Sie, dass bei dieser Wassertiefe ein Sprung mit einer Absprunghöhe von 5 m zugelassen ist. (2 BE)

3.1.2 Ermitteln Sie, von welcher maximalen Absprunghöhe bei dieser Wassertiefe theoretisch gesprungen werden darf. (2 BE)

3.1.3 Geben Sie das Wasservolumen für das randvoll gefüllte Variosprungbecken an. (1 BE)

3.1.4 Der gesamte Boden des Variosprungbeckens wird so gesenkt, dass seine Form als Quader erhalten bleibt. Danach wird Wasser bis zum Beckenrand aufgefüllt.
Ermitteln Sie, um wie viele Zentimeter der Beckenboden gegenüber der ersten Einstellung gesenkt wurde, wenn sich im abgesenkten Variosprungbecken 805 m^3 Wasser befinden.
Ermitteln Sie, um wie viele Zentimeter die neue Wassertiefe die vorgeschriebene Mindestwassertiefe für einen Sprung mit einer Absprunghöhe von 10 m überschreitet. (5 BE)

1 Fédération Internationale de Natation ist der Dachverband aller nationalen Sportverbände für Schwimmen, Wasserspringen, Synchronschwimmen und Wasserball.

3.2 Jessi nimmt an einem nationalen Juniorenwettkampf teil. Sie muss in diesem Wettkampf fünf Sprünge mit unterschiedlichem Schwierigkeitsgrad zeigen.

3.2.1 Jessi kann die Reihenfolge ihrer Sprünge selbst bestimmen.
Geben Sie die Anzahl der möglichen Reihenfolgen an. (1 BE)

3.2.2 Jessis erster Sprung mit einem Schwierigkeitsgrad von 2,6 wird von den Wettkampfrichtern folgendermaßen bewertet:

6,5	8,0	6,5	7,5	7,5	6,0	5,5

Bei der Berechnung der Gesamtpunktzahl für den Sprung werden die zwei höchsten und die zwei niedrigsten Wertungen gestrichen. Die verbleibenden drei Wertungen werden addiert und das Ergebnis mit dem Schwierigkeitsgrad multipliziert.
Bestimmen Sie die Gesamtpunktzahl für diesen Sprung. (2 BE)

3.2.3 Bei Wettkämpfen gelingen Jessi die ersten vier Sprünge jeweils mit einer Wahrscheinlichkeit von 80 %. Der letzte Sprung misslingt ihr jedoch zu 40 %.
Berechnen Sie die Wahrscheinlichkeit dafür, dass ihr beim Wettkampf alle fünf Sprünge gelingen. (2 BE)

Teilaufgabe 1.1

- Der Punkt A(−4 | 5) soll auf dem Graphen der Funktion liegen.
- Seine Koordinaten müssen die Gleichung $y = x^2 + 2 \cdot x - 3$ erfüllen.
- Prüfen Sie, ob durch die Einsetzung der Punktkoordinaten in die Funktionsgleichung eine wahre Aussage entsteht.

Teilaufgabe 1.2

- Veranschaulichen Sie sich die Lage des Punktes A im Koordinatensystem.
- Zeichnen Sie den gesuchten Abstand $\overline{OA}$ ein.
- Zeichnen Sie die Senkrechte zur x-Achse durch A.
- Erkennbar ist ein rechtwinkliges Dreieck.
- Die Kathetenlängen sind durch die Koordinaten des Punktes A festgelegt.
- Die Länge der Hypotenuse entspricht dem gesuchten Abstand.
- Wenden Sie den Satz des Pythagoras an.

Teilaufgabe 1.3

- Entscheiden Sie, welche Lage der Graph der quadratischen Funktion im Koordinatensystem hat.
- An der Funktionsgleichung $y = f(x) = \underset{\text{positiver Koeffizient}}{\mathbf{1}} \cdot x^2 + 2 \cdot x - 3$ ist erkennbar, dass der Graph der Funktion eine nach oben offene Parabel ist.
- Negative Funktionswerte sind unterhalb der x-Achse zu finden.
- Die Nullstellen der quadratischen Funktion begrenzen den Bereich, in dem die Funktionswerte unterhalb der x-Achse liegen.

Teilaufgabe 1.4.1

- Der Punkt B muss ebenfalls auf dem Graphen der Funktion f liegen.
- Die Koordinaten des Punktes $B(x_B | -4)$ müssen die Funktionsgleichung $y = x^2 + 2 \cdot x - 3$ erfüllen.
- Setzen Sie die gegebene y-Koordinate $y = f(x_B) = -4$ in die Funktionsgleichung von f ein und berechnen Sie das zugehörige Argument x_B.

Teilaufgabe 1.4.2

- Die gesuchte Funktion g ist eine lineare Funktion.
- Jede lineare Funktion kann durch die Funktionsgleichung $y = g(x) = m \cdot x + n$ beschrieben werden.
- Die Punkte A und B liegen auf dem Graphen dieser linearen Funktion.
- Die Koordinaten dieser Punkte müssen die Funktionsgleichung $y = m \cdot x + n$ erfüllen.

- Stellen Sie mithilfe der Koordinaten der Punkte A und B ein lineares Gleichungssystem auf und lösen Sie es.
- Notieren Sie dann mit den gefundenen Ergebnissen für m und n die gesuchte Funktionsgleichung für g.

Teilaufgabe 2.1

- Von der Gesamtmasse sind 90 % Beton.
- Berechnen Sie 90 % von 300 000 t.
- Notieren Sie die Formel, mit der die Dichte bei bekannter Masse und bekanntem Volumen berechnet werden kann.
- Im gegebenen Fall sind Dichte ρ und Masse m bekannt. Stellen Sie die Formel $\rho = \frac{m}{V}$ nach dem Volumen V um.
- Berechnen Sie das Volumen durch Einsetzen von $m = 270\,000$ t und $\rho = 2,25\,\frac{t}{m^3}$.

Teilaufgabe 2.2

- Nutzen Sie das STAT-Menü des GTR.
- Geben Sie die Besucherzahlen in die Liste 1 in dieses Menü ein.
- Kontrollieren Sie unter „SET" die Einstellungen. Lassen Sie sich das arithmetische Mittel und die Standardabweichung der Variablen 1 angeben.

Teilaufgabe 2.3

- Tragen Sie sich im gezeichneten Dreieck VCR die gegebenen Größen ein.
- Bekannt sind die Längen zweier Seiten ($\overline{RV}$ und $\overline{CV}$) und die Größe des von diesen Seiten eingeschlossenen Winkels.
- Unter Verwendung des Kosinussatzes kann die direkte Entfernung vom Rathausturm zum City-Hochhaus ($\overline{CR}$) berechnet werden.

Teilaufgabe 3.1.1

- Die Mindestwassertiefe kann bei vorgegebener Absprunghöhe h mithilfe der gegebenen Funktionsgleichung berechnet werden.
- Setzen Sie $h = 5$ in die Gleichung ein.
- Berechnen Sie $t(5) = 3{,}095 \cdot 1{,}038^5$.
- Vergleichen Sie den errechneten Wert t in Meter mit dem gegebenen Wert von 3,9 m Tiefe.

Teilaufgabe 3.1.2

- Die gegebene Funktionsgleichung beschreibt näherungsweise die Mindestwassertiefe (t in m) in Abhängigkeit von der Absprunghöhe (h in m).
- Setzen Sie den Funktionswert in die Gleichung $t(h) = 3{,}095 \cdot 1{,}038^h$ ein.
- Bestimmen Sie h in der Gleichung $3{,}9 = 3{,}095 \cdot 1{,}038^h$.

Teilaufgabe 3.1.3

- Das Variosprungbecken ist quaderförmig.
- Für das Volumen gilt: $V = a \cdot b \cdot c$
- Die Länge a, die Breite b und die Höhe c sind gegeben.
- Berechnen Sie das gesuchte Volumen durch Einsetzen der gegebenen Größen.

Teilaufgabe 3.1.4

- Durch Absenkung des Beckenbodens ändert sich die Wassertiefe.
- Die Länge der Seite c des Quaders wird größer.
- Die neue Wassertiefe kann ermittelt werden, indem die Formel $V = a \cdot b \cdot c$ nach c umgestellt wird.
- Berechnen Sie die Länge von c durch Einsetzen der gegebenen Größen V, a und b.
- Vergleichen Sie die berechnete neue Wassertiefe mit der ersten Einstellung (3,9 m Wassertiefe).
- Wie bei der Lösung zu Teilaufgabe 3.1.1 ermittelt man die Mindestwassertiefe nun bei einer Absprunghöhe von 10 m.
- Vergleichen Sie diese Mindestwassertiefe mit der berechneten neuen Wassertiefe.

Teilaufgabe 3.2.1

- Bestimmen Sie die Anzahl der möglichen Reihenfolgen.
- Überlegen Sie sich, wie viele Sprünge Jessi zur Auswahl hat, wenn sie das erste Mal springt.
- Überlegen Sie sich, wie viele Sprünge Jessi nach dem ersten (nun festgelegten Sprung) für das zweite Springen zur Auswahl hat.
- Gehen Sie bis zum letzten Sprung so vor.
- Die jeweilige Anzahl der Auswahlmöglichkeiten multipliziert man miteinander, um die Anzahl aller möglichen Reihenfolgen zu erhalten.

Teilaufgabe 3.2.2

- Streichen Sie die zwei höchsten und die zwei niedrigsten Wertungen.
- Addieren Sie die verbleibenden drei Wertungen.
- Multiplizieren Sie die erhaltene Summe mit dem Schwierigkeitsgrad 2,6.

Teilaufgabe 3.2.3

- Überlegen Sie, wie groß die Wahrscheinlichkeit ist, dass der erste Sprung gelingt.
- Mit der gleichen Wahrscheinlichkeit gelingen die Sprünge zwei, drei und vier.
- Der fünfte und letzte Sprung gelingt mit der Wahrscheinlichkeit $100\,\% - 40\,\% = 60\,\%$.
- Nutzen Sie die Pfadmultiplikationsregel.

Lösungen zu Teil A

1 ☒ 20 %

Erklärung der Lösung:

$72°$ sind $\frac{1}{5}$ von $360°$ (Vollkreis)

$\frac{1}{5} = \frac{20}{100} = 20\ \%$

2 ☒ $\frac{\text{Gegenkathete}}{\text{Hypotenuse}}$

Erklärung der Lösung:
Für rechtwinklige Dreiecke ist definiert, dass für den spitzen Winkel α gilt:

$\sin\alpha = \frac{\text{Gegenkathete von } \alpha}{\text{Hypotenuse}}$

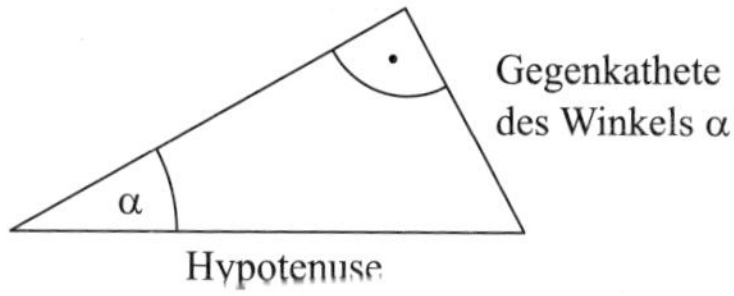

3 ☒ $f_5(x) = x^2 - 3 \cdot x - 4$

Erklärung der Lösung:
Eine Zahl x aus dem Definitionsbereich einer Funktion f, der durch f(x) die 0 zugeordnet wird, nennt man Nullstelle der Funktion ($f(x) = 0$). Setzt man in die Zuordnungsvorschrift $x \mapsto x^2 - 3 \cdot x - 4$ die Argumente $x_1 = -1$ und $x_2 = 4$ ein, so ergibt sich für beide der Funktionswert 0.

$f_5(-1) = (-1)^2 - 3 \cdot (-1) - 4 = 1 + 3 - 4 = 0$
$f_5(4) = 4^2 - 3 \cdot 4 - 4 = 16 - 12 - 4 = 0$

4 ☒ $f_1(x) = \frac{1}{x^2}$

Erklärung der Lösung:
Der Graph einer Funktion ist genau dann symmetrisch zur y-Achse, wenn für alle x des maximalen Definitionsbereiches gilt: $f(x) = f(-x)$

1. Möglichkeit:
Es wird der allgemeine Nachweis für die Funktion f_1 geführt.

$f_1(x) = \frac{1}{x^2}$

$f_1(-x) = \frac{1}{(-x)^2} = \frac{1}{(-x) \cdot (-x)} = \frac{1}{x^2}$

Nachweislich gilt: $f_1(x) = f_1(-x)$

2. Möglichkeit:
Durch Einsetzen einfacher Argumente kann durch Ausschlussverfahren die Funktion f_1 ermittelt werden.

$f_2(1) = -e^1 = -e$ und $f_2(-1) = -e^{-1} = -\frac{1}{e}$ $\Rightarrow$ $-e \neq -\frac{1}{e}$

$f_3(1) = -0{,}5 \cdot 1^3 = -0{,}5$ und $f_3(-1) = -0{,}5 \cdot (-1)^3 = 0{,}5$ $\Rightarrow$ $-0{,}5 \neq 0{,}5$

$f_4(1) = -3 \cdot 1 = -3$ und $f_4(-1) = -3 \cdot (-1) = 3$ $\Rightarrow$ $-3 \neq 3$

$f_5\left(\frac{\pi}{2}\right) = \sin\frac{\pi}{2} = 1$ und $f_5\left(-\frac{\pi}{2}\right) = \sin\left(-\frac{\pi}{2}\right) = -1$ $\Rightarrow$ $1 \neq -1$

5 ☒ $s > 1$

Erklärung der Lösung:
Der Term $\sqrt{\frac{4}{s-1}}$ muss folgende Bedingungen erfüllen:

- Nennerterm $s-1$ ist nicht 0.
- Radikand $\frac{4}{s-1}$ ist größer oder gleich 0.

Beide Bedingungen sind nur erfüllt, wenn $s > 1$ gilt.

6 ☒ $4 \cdot \left(\frac{1}{4}\right)^3$

Erklärung der Lösung:
Vier verschiedene Symbole sind in jeweils gleich großen Sektoren abgebildet. Bei einmaligem Drehen des Glücksrades kann ein Symbol mit der Wahrscheinlichkeit $p = \frac{1}{4}$ erdreht werden. Soll das zuerst erdrehte Symbol auch beim zweiten und dritten Drehen erscheinen, gilt nach der Pfadmultiplikationsregel:

$$P(E) = \frac{1}{4} \cdot \frac{1}{4} \cdot \frac{1}{4} = \left(\frac{1}{4}\right)^3$$

Aufgrund der vier verschiedenen Symbole kommen für das Ereignis A „Es werden gleiche Symbole erdreht" vier Pfade in Betracht. Nach der Additionsregel ergibt sich damit für die gesuchte Wahrscheinlichkeit:

$$P(A) = \underset{\Diamond}{\left(\frac{1}{4}\right)^3} + \underset{\circ}{\left(\frac{1}{4}\right)^3} + \underset{\heartsuit}{\left(\frac{1}{4}\right)^3} + \underset{\Delta}{\left(\frac{1}{4}\right)^3}$$

$$P(A) = 4 \cdot \left(\frac{1}{4}\right)^3$$

7.1

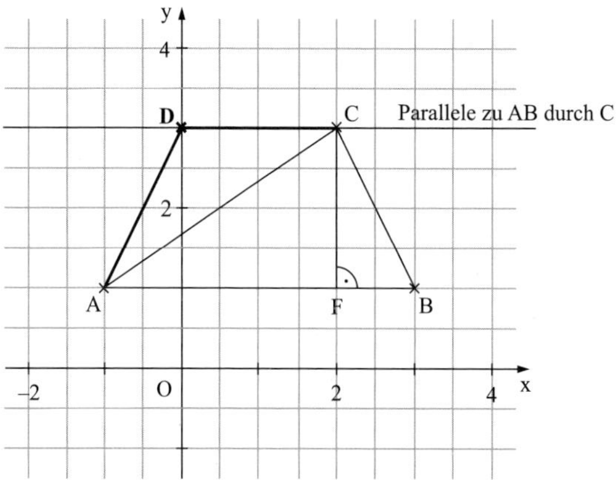

7.2 $\underline{\underline{D(0|3)}}$

Erklärung der Lösung:

Die parallelen Seiten des Trapezes ABCD sind mit $\overline{AB}$ und $\overline{CD}$ festgelegt. Der Punkt D muss damit auf der eingezeichneten Parallelen zu AB durch den Punkt C liegen.

Der Flächeninhalt ist mit 6 festgelegt. Den Flächeninhalt des Trapezes berechnet man mit:

$$A = \frac{(AB + \overline{CD})}{2} \cdot \overline{CF}$$

$\overline{CF}$... Abstand der zueinander parallelen Seiten

$$6 = \frac{(4 + \overline{CD})}{\cancel{2}^{1}} \cdot \cancel{2}^{1}$$

$$6 = 4 + \overline{CD}$$

$$\Rightarrow \quad \overline{CD} = 2$$

Mit dem Abstand 2 des Punktes D von C ergeben sich die Koordinaten des Punktes D.

Nachweis:

$$A = \frac{1}{2}(\overline{AB} + \overline{CD}) \cdot \overline{CF}$$

$$A = \frac{1}{2}(4 + 2) \cdot 2$$

$$\underline{\underline{A = 6}}$$

8 *1. Möglichkeit:*

In jedem der 26 Zimmer muss mindestens ein Bett stehen. Es bleiben noch 19 Betten ($45-26=19$) übrig. Da in jedem Zimmer höchstens zwei Betten stehen können, muss es 19 Zweibettzimmer geben.

2. Möglichkeit:

Es stehen Ein- und Zweibettzimmer zur Verfügung. Es wird festgelegt:

x … Anzahl der Einbettzimmer

y … Anzahl der Zweibettzimmer $x, y \in \mathbb{N}$

Mit den gegebenen Bedingungen kann ein lineares Gleichungssystem aufgestellt werden. Es wird mithilfe eines Verfahrens zum Lösen linearer Gleichungssysteme (Additionsverfahren, Einsetzungsverfahren, Gleichsetzungsverfahren) gelöst.

Bedingung 1: Gesamtzimmeranzahl 26 (I) $x + y = 26$

Bedingung 2: 45 Betten insgesamt (II) $x + 2y = 45$

$$\begin{aligned}
\text{(I)}\quad x + y &= 26 \quad | \cdot(-1) \\
\text{(II)}\quad x + 2y &= 45 \quad \downarrow + \\
\hline
y &= 19 \\
x + 19 &= 26 \quad | -19 \\
x &= 7
\end{aligned}$$

Probe: Zimmer insgesamt: $7+19=26 \Rightarrow 26=26$ ✓

Betten insgesamt: $7+2\cdot 19=45 \Rightarrow 45=45$ ✓

Ergebnis: Es gibt 7 Einbettzimmer und 19 Zweibettzimmer.

9 Das Volumen eines geraden Kreiskegels berechnet man mithilfe der Formel:

$V = \frac{1}{3} A_G \cdot h$ A_G … Grundfläche des Körpers

h … Körperhöhe

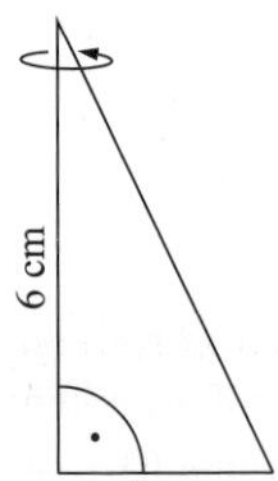

r = 3 cm

h = 6 cm

Rotiert das rechtwinklige Dreieck um die längere Kathete, ist diese mit $h = 6$ cm die Körperhöhe des entstehenden geraden Kreiskegels. Die Grundfläche des Körpers ist ein Kreis, dessen Radius durch die kürzere Kathete bestimmt ist, also $r = 3$ cm.

$$V = \frac{1}{3} \cdot \pi \cdot r^2 \cdot h$$

$$V = \frac{1}{3} \cdot \pi \cdot (3\text{ cm})^2 \cdot 6\text{ cm}$$

$$V = \frac{1}{\cancel{3}_1} \cdot \pi \cdot \overset{3}{\cancel{9}}\text{ cm}^2 \cdot 6\text{ cm}$$

$$\underline{\underline{V = 18 \cdot \pi\text{ cm}^3}}$$

1.1 Liegt der Punkt A(−4 | 5) auf dem Graphen der Funktion f mit der Gleichung $y = f(x) = x^2 + 2 \cdot x - 3$, dann erfüllen die Koordinaten $x = -4$ und $y = 5$ die Funktionsgleichung.
Ergibt sich durch diese Einsetzung eine wahre Aussage, ist gezeigt, dass der Punkt A auf dem Graphen der Funktion liegt.

$$5 = (-4)^2 + 2 \cdot (-4) - 3$$
$$5 = 16 - 8 - 3$$
$$\underline{\underline{5 = 5}} \quad \text{w. A.}$$

1.2 Der Abstand des Punktes A vom Koordinatenursprung kann unter Verwendung des Satzes von Pythagoras berechnet werden.
Zur Veranschaulichung ist das rechtwinklige Dreieck OAE in der nebenstehenden Abbildung gezeichnet.

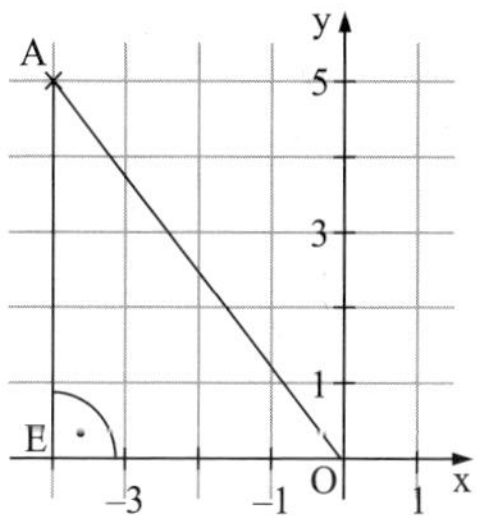

$$\overline{OA}^2 = \overline{AE}^2 + \overline{EO}^2 \quad |\sqrt{} \quad (\overline{OA} > 0)$$

$\overline{AE} = 5$ LE (y-Koordinate des Punktes A)
$\overline{EO} = 4$ LE (Betrag des x-Wertes von A)

$$\overline{OA} = \sqrt{\overline{AE}^2 + \overline{EO}^2}$$
$$\overline{OA} = \sqrt{5^2 + 4^2}$$
$$\overline{OA} = \sqrt{25 + 16}$$
$$\underline{\underline{\overline{OA} = \sqrt{41}}}$$

Ergebnis: Der Abstand des Punkts A vom Koordinatenursprung beträgt $\sqrt{41}$ LE.

1.3 Betrachtet man den Graphen der Funktion f, ist erkennbar, dass negative Funktionswerte unterhalb der x-Achse zu finden sind. Der Bereich der zugehörigen Argumente ist bei dieser nach oben geöffneten Normalparabel durch die Nullstellen begrenzt.

Es müssen also die Nullstellen von f bestimmt werden.

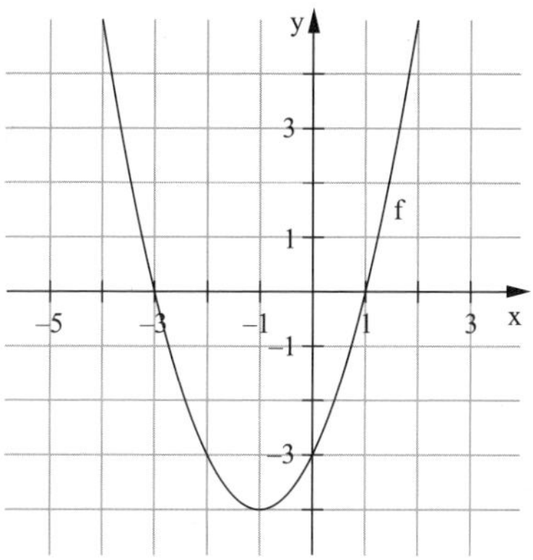

1. Möglichkeit:
Die Lösung lässt sich mithilfe des „SOLV"-Befehls im EQUA-Menü des GTR ermitteln.

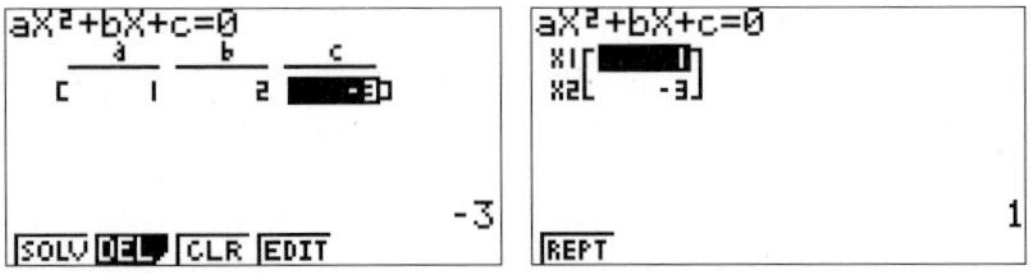

$0 = x_N^2 + 2 \cdot x_N - 3 \;\;\Rightarrow\;\; x_{N_1} = 1$ und $x_{N_2} = -3$

2. Möglichkeit:
Nach Eingabe der Funktionsgleichung $f(x) = x^2 + 2 \cdot x - 3$ in das GRAPH-Menü des GTR werden die Nullstellen des Graphen der Funktion bestimmt.

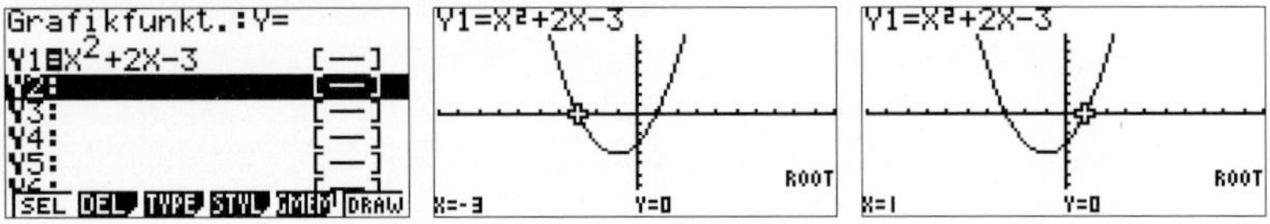

Ergebnis: Für $-3 < x < 1$ sind die Funktionswerte negativ.

1.4.1 $x_B = -1$

Erklärung der Lösung:
Der Punkt $B(x_B \,|\, -4)$ liegt ebenfalls auf dem Graphen der Funktion f.

1. Möglichkeit:
Das Ergebnis kann mithilfe des Befehls „x-cal" im GRAPH-Menü des GTR ermittelt werden.

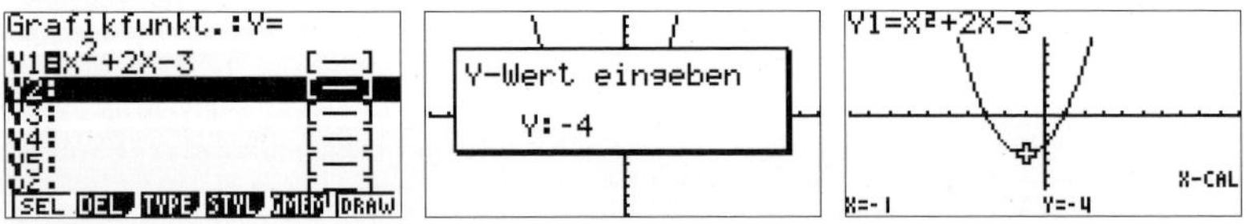

2. Möglichkeit:
Die Koordinaten von B müssen die Funktionsgleichung $f(x) = x^2 + 2 \cdot x - 3$ erfüllen.

$$-4 = x_B^2 + 2 \cdot x_B - 3 \qquad |+4$$
$$0 = x_B^2 + 2 \cdot x_B + 1$$

Die Lösung der Gleichung kann über das EQUA-Menü des GTR erfolgen.

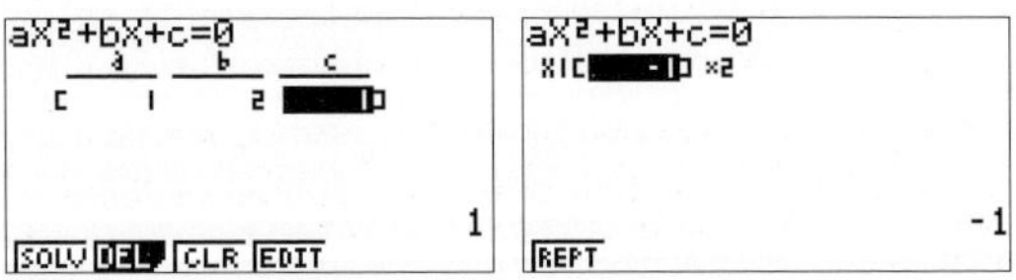

1.4.2 Die Funktion g ist eine lineare Funktion. Die Funktionsgleichung hat die Form $y = g(x) = m \cdot x + n$.
Die Punkte A(–4 | 5) und B(–1 | –4) liegen auf dem Graphen der gesuchten Funktion g. Da die Punktkoordinaten die Gleichung $y = m \cdot x + n$ erfüllen müssen, kann mit ihrer Hilfe ein lineares Gleichungssystem aufgestellt und gelöst werden.

(I) $5 = m \cdot (-4) + n$
(II) $-4 = m \cdot (-1) + n$

1. Möglichkeit:
Gelöst werden kann das lineare Gleichungssystem mithilfe des „SOLV“-Befehls im EQUA-Menü des GTR.

(I) $-4 \cdot m + n = 5$
(II) $-1 \cdot m + n = -4$

$m = -3$
$n = -7$

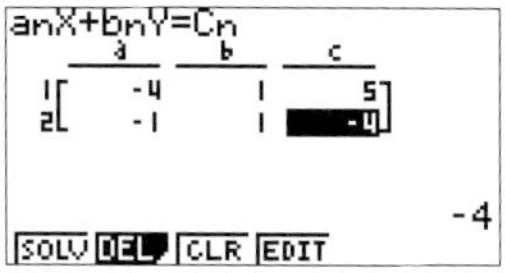

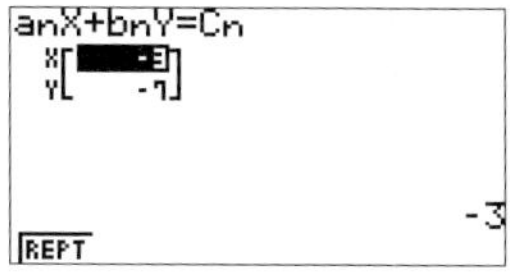

Ergebnis: Die Funktionsgleichung lautet: $\underline{\underline{g(x) = -3 \cdot x - 7}}$

2. Möglichkeit:
Nutzt man zur Ermittlung der Funktionsgleichung das STAT-Menü des GTR, wählt man die lineare Regression. Durch die Anzeige des Graphen kann noch eine Probe erfolgen (Liegen A und B auf dem Graphen der Funktion?).

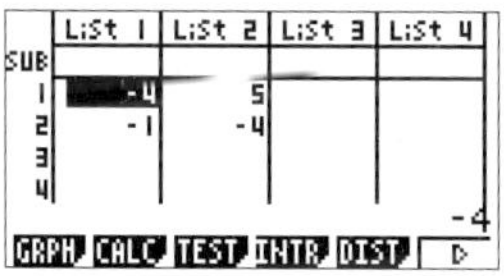

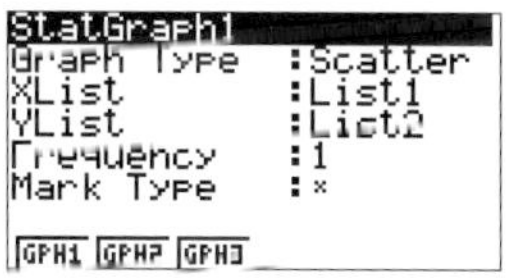

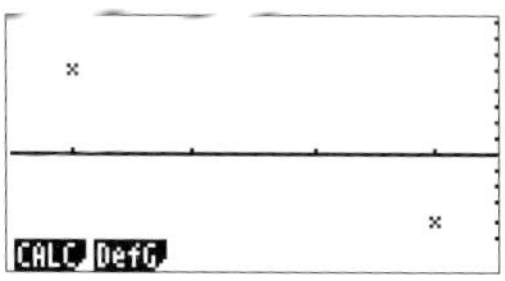

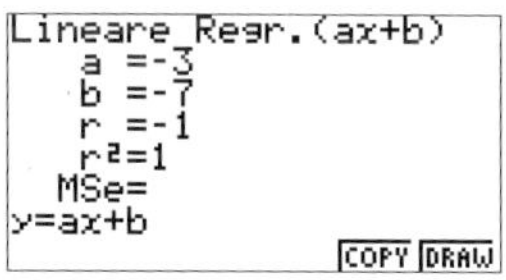

2.1 90 % der Gesamtmasse von 300 000 t sind Beton.

$90\,\% = \frac{90}{100} = 0{,}9$

90 % von 300 000 t = $0{,}9 \cdot 300\,000$ t = 270 000 t

Die Dichte als stoffabhängige Größe kann bei bekannter Masse und bekanntem Volumen mit der Gleichung $\rho = \frac{m}{V}$ berechnet werden.
Im gegebenen Fall sind die Dichte und die Masse bekannt. Das gesuchte Volumen wird durch Umstellen der Gleichung und Einsetzen von $\rho = 2{,}25\,\frac{t}{m^3}$ sowie m = 270 000 t berechnet.

$$\rho = \frac{m}{V} \qquad |\cdot V$$

$$\rho \cdot V = m \qquad |:\rho$$

$$V = \frac{m}{\rho}$$

$$V = \frac{270\,000\,\text{t} \cdot m^3}{2{,}25\,\text{t}} \qquad \left[\frac{t}{\frac{t}{m^3}} = \frac{t}{1} : \frac{t}{m^3} = \frac{t}{1} \cdot \frac{m^3}{t}\right]$$

$$\underline{\underline{V = 120\,000\,m^3}}$$

Ergebnis: 120 000 m³ Beton werden verbaut.

2. Das arithmetische Mittel und die Standardabweichung können mithilfe des STAT-Menüs des GTR ermittelt werden.

2.2.1 2011 gab es 200 319 Besucher. Die Besucherzahl weicht um 200 319 – 187 320 = 12 999 Besucher vom arithmetischen Mittel ab.

Ergebnis: Abweichung vom arithmetischen Mittel: 12 999 Besucher

2.2.2 Die Standardabweichung beträgt rund 7 543 Besucher.

2.3 Den Sachverhalt kann man mithilfe des Dreiecks VCR darstellen. Folgende Größen sind bekannt.

$\overline{RV} = 3\,920\,m$

$\overline{CV} = 3\,730\,m$

$\sphericalangle CVR = 7{,}5°$

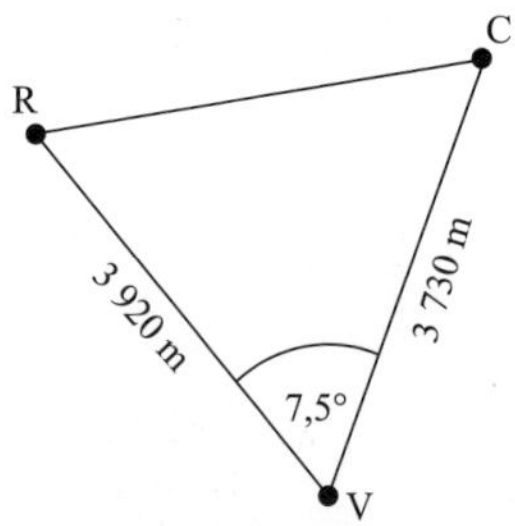

(Skizze nicht maßstäblich)

Unter Verwendung des Kosinussatzes kann die Länge von $\overline{CR}$ berechnet werden.

$$\overline{CR}^2 = \overline{RV}^2 + \overline{CV}^2 - 2 \cdot \overline{RV} \cdot \overline{CV} \cdot \cos\sphericalangle CVR \qquad |\sqrt{\;};\ \overline{CR} > 0$$

$$\overline{CR} = \sqrt{(3\,920\,m)^2 + (3\,730\,m)^2 - 2 \cdot 3\,920\,m \cdot 3\,730\,m \cdot \cos 7{,}5°}$$

$$\overline{CR} \approx 535\,m$$

Ergebnis: Die direkte Entfernung vom Rathaus zum City-Hochhaus beträgt rund 535 m.

3.1.1 Die Mindestwassertiefe kann bei vorgegebener Absprunghöhe mithilfe der gegebenen Funktionsgleichung $t(h) = 3{,}095 \cdot 1{,}038^h$ ($h \in \mathbb{R}$; $1{,}0 \leq h \leq 10{,}0$) berechnet werden. Ein Vergleich dieser berechneten Größe mit der angegebenen Wassertiefe von $t_1 = 3{,}9$ m zeigt, ob diese Wassertiefe zulässig ist.

$t(5) = 3{,}095 \cdot 1{,}038^5 \approx 3{,}73$

$3{,}73 \text{ m} < 3{,}9 \text{ m}$

Ergebnis: Der Wassertiefenvergleich ergibt: Die Wassertiefe ist zulässig.

3.1.2 Mit $t_1 = 3{,}9$ m ist der Funktionswert der obigen Funktion bekannt. Das zugehörige Argument kann über eine grafische Lösung mithilfe des GRAPH-Menüs des GTR oder über eine nach h umgestellte Gleichung ermittelt werden.

1. Möglichkeit:

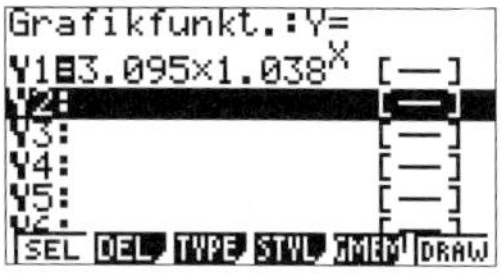

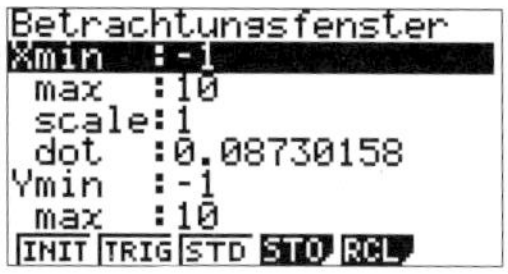

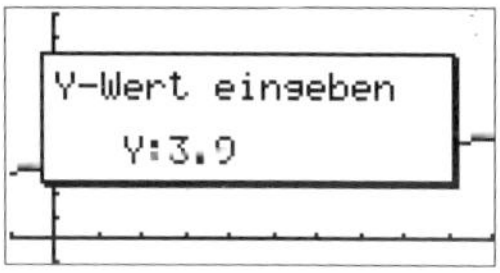

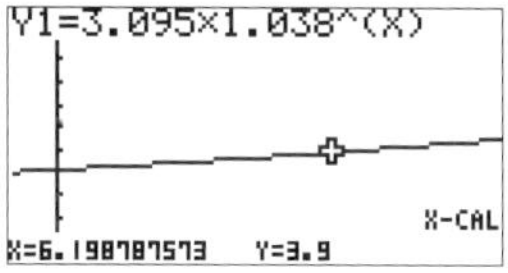

2. Möglichkeit:

$$3{,}9 = 3{,}095 \cdot 1{,}038^h \qquad |:3{,}095$$

$$\frac{3{,}9}{3{,}095} = 1{,}038^h \qquad |\text{Logarithmieren}$$

$$\lg \frac{3{,}9}{3{,}095} = \lg 1{,}038^h \qquad |\text{Anwendung Logarithmengesetz}$$

$$\lg \frac{3{,}9}{3{,}095} = h \cdot \lg 1{,}038 \qquad |:\lg 1{,}038 \text{ und Seitentausch}$$

$$h = \frac{\lg \frac{3{,}9}{3{,}095}}{\lg 1{,}038}$$

$$h \approx 6{,}1988$$

Ergebnis: Es darf maximal aus $\underline{\underline{6{,}19 \text{ m}}}$ Höhe abgesprungen werden.

Hinweis: Aufgrund des Sachverhaltes muss entgegen der mathematischen Rundungsregel abgerundet werden.

3.1.3 $\underline{\underline{V = 682{,}5\ m^3}}$

Erklärung der Lösung:

Das Volumen eines Quaders kann mit der Formel $V = a \cdot b \cdot c$ berechnet werden. Für das quaderförmige Wasserbecken ist die Länge mit $a = 14{,}0$ m, die Breite mit $b = 12{,}5$ m und die Höhe (Tiefe) mit $c = 3{,}9$ m gegeben.

$V = 14{,}0\ m \cdot 12{,}5\ m \cdot 3{,}9\ m$
$V = 682{,}5\ m^3$

3.1.4 Für das quaderförmige Wasserbecken ändert sich durch Absenkung des Beckenbodens die Wassertiefe und damit die Länge der Seite c.
Mit dem bekannten Volumen von $V = 805\ m^3$ und unter Nutzung der Volumengleichung wird die neue Wassertiefe ermittelt.

$$V = a \cdot b \cdot c \quad \Big|: (a \cdot b) \text{ und Seitentausch}$$

$$c = \frac{V}{a \cdot b}$$

$$c = \frac{805\ m^3}{14{,}0\ m \cdot 12{,}5\ m} = \frac{805\ m \cdot \cancel{m} \cdot \cancel{m}}{14{,}0\ \cancel{m} \cdot 12{,}5\ \cancel{m}}$$

$$c = 4{,}6\ m$$

Die neue Wassertiefe unterscheidet sich um $4{,}6\ m - 3{,}9\ m = 0{,}7$ m.

Ergebnis: Gegenüber der ersten Einstellung wurde der Beckenboden um $\underline{\underline{70\ cm}}$ abgesenkt.

Die neue Wassertiefe beträgt 4,6 m. Wie bei der Lösung zu Teilaufgabe 3.1.1 ermittelt man die Mindestwassertiefe bei einer Absprunghöhe von 10 m, indem man den Wert in t(h) einsetzt:
$t(10) = 3{,}095 \cdot 1{,}038^{10} \approx 4{,}494 \approx 4{,}50$

Die neue Wassertiefe überschreitet die vorgeschriebene Mindestwassertiefe um $4{,}60\ m - 4{,}50\ m = 0{,}10$ m.

Ergebnis: Die vorgeschriebene Mindestwassertiefe wird um $\underline{\underline{10\ cm}}$ überschritten.

3.2.1 $\underline{\underline{n = 120}}$

Erklärung der Lösung:

	1. Sprung		2. Sprung		3. Sprung		4. Sprung		5. Sprung
5! =	5	·	4	·	3	·	2	·	1
	↑		↑		...				
	Anzahl der Auswahl an Sprüngen		Anzahl der möglichen Sprünge nach einem absolvierten Sprung						

$5! = 120$

3.2.2 Nach der Streichung der entsprechenden Wertungen wird die Summe der drei verbleibenden Sprungwertungen mit dem Schwierigkeitsgrad $g = 2{,}6$ multipliziert.

Streichung der zwei höchsten Wertungen: ~~8,0~~ ~~7,5~~

Streichung der zwei niedrigsten Wertungen: ~~5,5~~ ~~6,0~~

verbleibende Wertungen: 7,5 6,5 6,5

Summe der verbleibenden Wertungen: $7{,}5 + 6{,}5 + 6{,}5 = 20{,}5$

Gesamtpunktezahl p:

$$p = 20{,}5 \cdot g$$
$$p = 20{,}5 \cdot 2{,}6$$
$$\underline{\underline{p = 53{,}3}}$$

Ergebnis: Die Gesamtpunktezahl für Jessis Sprung ist 53,3.

3.2.3 Da nach dem Ereignis E „Alle fünf Sprünge gelingen" gefragt ist, wird nur der für das Ereignis bedeutsame Teil des Baumdiagramms gezeichnet. Mithilfe der Pfadmultiplikationsregel kann die gesuchte Wahrscheinlichkeit berechnet werden.

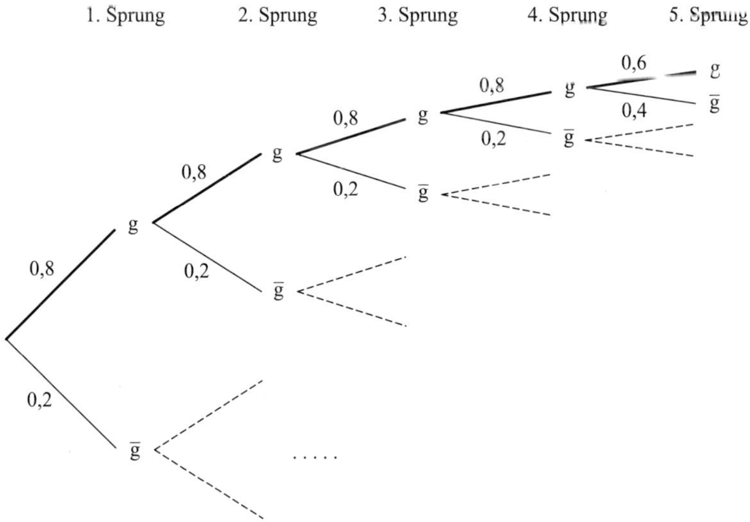

g … Sprung gelungen $\overline{g}$ … Sprung misslungen

$$P(E) = P(ggggg) = 0{,}8 \cdot 0{,}8 \cdot 0{,}8 \cdot 0{,}8 \cdot 0{,}6$$

$$P(E) = 0{,}8^4 \cdot 0{,}6$$

$$\underline{\underline{P(E) \approx 0{,}2458}}$$

Ergebnis: Mit einer Wahrscheinlichkeit von rund 24,6 % gelingen Jessi alle fünf Sprünge.

Besondere Leistungsfeststellung Mathematik Sachsen
2014

Teil A

(ohne Nutzung von Tabellen- und Formelsammlung sowie Taschenrechner)

In den Aufgaben 1 bis 6 ist von den jeweils fünf Auswahlmöglichkeiten genau eine Antwort richtig. Kreuzen Sie das jeweilige Feld an.

1 Beim Ausbau einer 10 km langen Straße sind bereits 2 500 m fertig gestellt. Wie viel Prozent sind fertig? (1 BE)

☐ 0,25 %   ☐ 2,5 %   ☐ 4 %   ☐ 20 %   ☐ 25 %

2 Kennzeichnen Sie die Funktion f, welche den größtmöglichen Definitionsbereich $D_f = \{x \mid x \in \mathbb{R},\ x \neq 2\}$ besitzt. (1 BE)

☐ $f(x) = \frac{1}{x}$ ☐ $f(x) = \frac{1}{x-2}$ ☐ $f(x) = \frac{1}{x+2}$ ☐ $f(x) = \frac{1}{-x-2}$ ☐ $f(x) = \frac{1}{x^2}$

3 Geben Sie die Funktion f an, zu der der abgebildete Graph gehört.

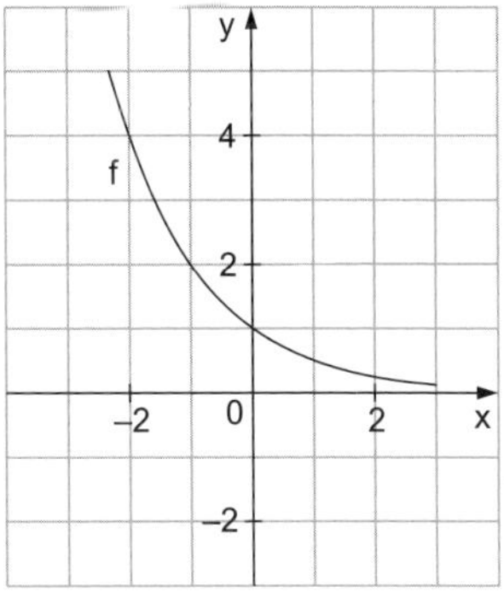

☐ $f(x) = 2^x \quad (x \in \mathbb{R})$

☐ $f(x) = 3^x \quad (x \in \mathbb{R})$

☐ $f(x) = 2^{-x} \quad (x \in \mathbb{R})$

☐ $f(x) = -3^x \quad (x \in \mathbb{R})$

☐ $f(x) = \sqrt{x} \quad (x \in \mathbb{R})$

(1 BE)

4 Der Term $2 \cdot a^{-1}$ $(a \in \mathbb{R}, a \neq 0)$ kann dargestellt werden durch (1 BE)

☐ $-2 \cdot a$ ☐ a^{-2} ☐ $\frac{2}{a}$ ☐ $-\frac{2}{a}$ ☐ $\frac{2}{a^2}$

5 Jedes Trapez (1 BE)

☐	☐	☐	☐	☐
hat eine Symmetrieachse	ist ein Rechteck	ist ein Parallelogramm	hat 1 paralleles Seitenpaar	hat 2 spitze Innenwinkel

6 Ein idealer Würfel mit den Augenzahlen 1 bis 6 wird zweimal geworfen. Die Wahrscheinlichkeit, dass das Produkt der beiden Augenzahlen 6 ist, beträgt (1 BE)

☐	☐	☐	☐	☐
$\frac{2}{36}$	$\frac{4}{36}$	$\frac{6}{36}$	$\frac{10}{36}$	$\frac{40}{36}$

7 Ein Kilogramm Obst der Güteklasse A kostet 5,00 €, Obst der Güteklasse B dagegen nur 3,00 €. Ein Händler verkauft insgesamt 21 Kilogramm Obst dieser beiden Güteklassen zu einem Gesamtpreis von 81,00 €.
Bestimmen Sie, wie viel Kilogramm Obst der Güteklassen A und B der Händler jeweils verkauft hat. (3 BE)

8 Zeigen Sie, dass für die Länge s des Seils gilt:
$s = \left(5 + \frac{1}{2} \cdot \pi\right) \cdot a$

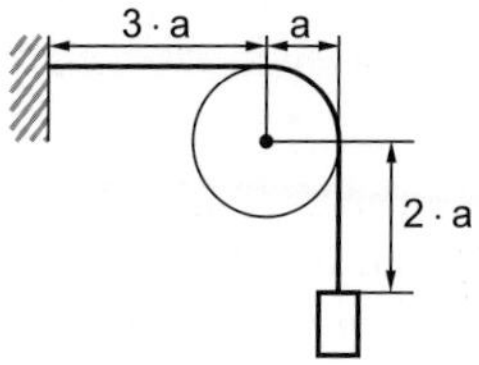

(2 BE)

9 Gegeben sind die Funktion f durch $f(x) = -\frac{2}{3} \cdot x + 2 \; (x \in \mathbb{R})$ und eine lineare Funktion g, deren Graph durch die Punkte $A(-1\,|\,0)$ und $B(0\,|\,2)$ verläuft.

9.1 Zeichnen Sie den Graphen der Funktion f in das vorgegebene Koordinatensystem.

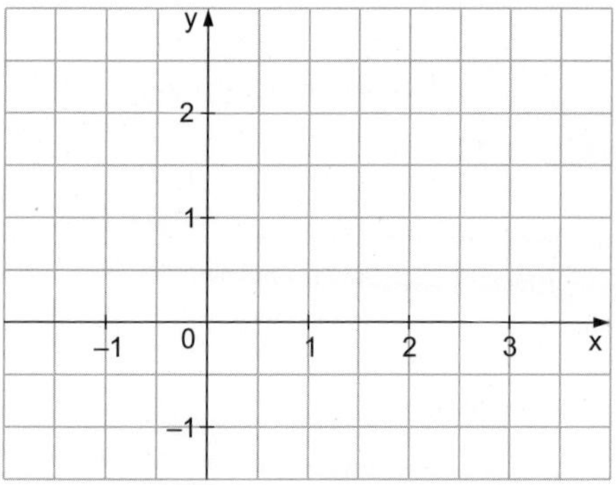

(1 BE)

9.2 Geben Sie eine Gleichung für die Funktion g an.

______________________________ (1 BE)

9.3 Ermitteln Sie den Inhalt der Fläche, die von den Graphen der Funktionen f und g und der x-Achse eingeschlossen wird. (2 BE)

Teil B

1 Gegeben sind die Funktionen f und g durch

$y = f(x) = 3 \cdot \sin(2 \cdot x) \quad (x \in \mathbb{R}, 0 \leq x \leq 2 \cdot \pi)$ sowie

$y = g(x) = \sin\left(x + \frac{\pi}{2}\right) \quad (x \in \mathbb{R}, 0 \leq x \leq 2 \cdot \pi).$

1.1 Geben Sie den Wertebereich der Funktion f an. (1 BE)

1.2 Geben Sie die kleinste Periode der Funktion g an.
Ermitteln Sie die Nullstelle der Funktion g im Intervall $0 \leq x \leq \pi$. (3 BE)

1.3 Geben Sie die Koordinaten des lokalen Minimumpunktes des Graphen von g im angegebenen Definitionsbereich an. (1 BE)

1.4 Ermitteln Sie die Koordinaten des Schnittpunktes der Graphen von f und g im Intervall $\pi \leq x \leq 2 \cdot \pi$. (2 BE)

1.5 Eine Funktion h besitzt den Definitionsbereich $D_h = \{x \mid x \in \mathbb{R}\}$ sowie den Wertebereich $W_h = \{y \mid y \in \mathbb{R}, 0 \leq y \leq 4\}$.
Geben Sie eine Funktionsgleichung für eine solche Funktion h an. (1 BE)

2 Familie Baumann hat für ihre Kinder in ihrem Garten ein Stelzenhaus errichtet, welches die Form eines geraden Prismas besitzt. Die Abbildung zeigt die Seitenansicht des Stelzenhauses mit Plattform und Stelzen (Maße in Zentimeter).
Die Plattform, auf der das Stelzenhaus steht, wird von 80 cm hohen Stelzen getragen. Die Bodenfläche des Stelzenhauses hat die Maße 100 cm × 120 cm.

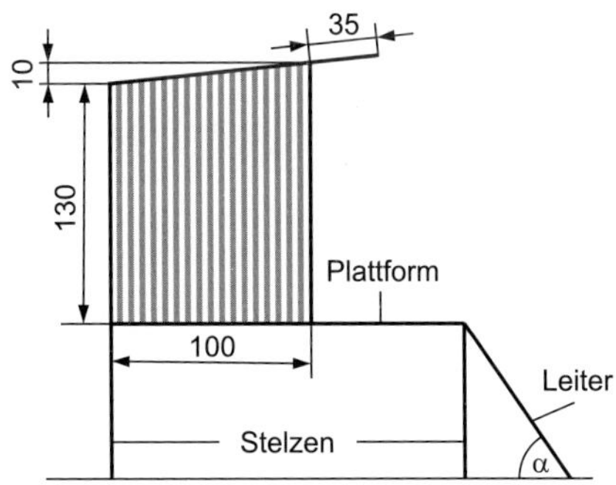

Abbildung (nicht maßstäblich)

2.1 Berechnen Sie das Volumen des Stelzenhauses. (2 BE)

2.2 Das Dach steht an der Vorderseite 35 cm über (siehe Abbildung). Es soll mit Dachpappe belegt werden.
Ermitteln Sie den Inhalt der Fläche, die mit Dachpappe belegt werden soll. (3 BE)

2.3 Die an der Vorderseite der Plattform angebrachte Leiter ist 90 cm lang.
Berechnen Sie den Anstellwinkel α der Leiter. (2 BE)

3 Leipzig wird aufgrund seiner vielen Wasserstraßen auch „Klein-Venedig" genannt.

3.1 Über den Karl-Heine-Kanal führen mehrere Brücken. Der Brückenbogen einer Brücke kann in einem Koordinatensystem durch den Graphen einer Funktion f mit $f(x) = -0{,}3 \cdot x^2 + 3{,}9 \ (x \in D_f)$ beschrieben werden (siehe Abbildung 1).
Eine Einheit entspricht einem Meter.

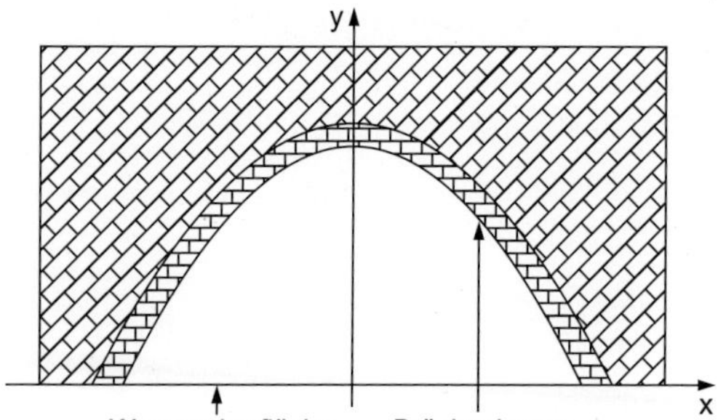

Abbildung 1 (nicht maßstäblich)

3.1.1 Geben Sie die größte Höhe des Brückenbogens über der Wasseroberfläche an. Bestimmen Sie die Breite der Öffnung des Brückenbogens in Höhe der Wasseroberfläche. (3 BE)

3.1.2 Ein Ausflugsboot ist 4,80 m breit und besitzt auf der gesamten Breite eine Höhe von 2,50 m über der Wasseroberfläche.
Untersuchen Sie, ob das Boot unter dieser Brücke hindurchfahren kann. (3 BE)

3.2 Um die Breite $\overline{CD}$ des Elsterbeckens zu bestimmen, werden folgende Maße ermittelt (siehe Abbildung 2):
$\alpha = 63°$, $\beta = 53°$, $\overline{AB} = 196$ m

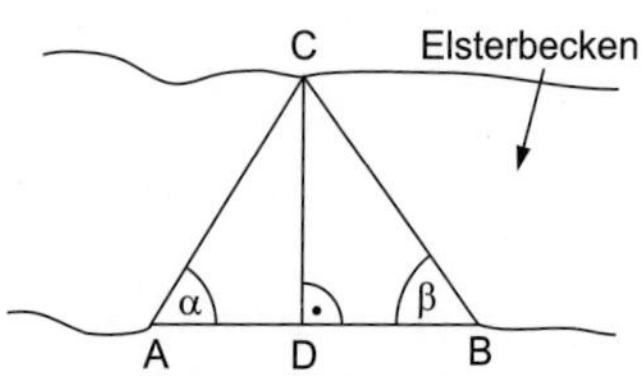

Abbildung 2 (nicht maßstäblich)

3.2.1 Zeigen Sie durch Rechnung, dass die Strecke $\overline{AC}$ die Länge 174 m besitzt. (2 BE)

3.2.2 Ermitteln Sie die Breite $\overline{CD}$ des Elsterbeckens. (2 BE)

3.3 Alljährlich findet zum Wasserfest das sogenannte „Entenrennen“ statt.

3.3.1 Um 11.20 Uhr werden Plaste-Enten von der Sachsenbrücke in das Elsterflutbecken geworfen. Diese treiben mit annähernd konstanter Geschwindigkeit zum 120 m entfernten Ziel.
In den ersten 3 Minuten legt die schnellste Plaste-Ente 8 Meter zurück.
Ermitteln Sie, zu welcher Uhrzeit mit dem Eintreffen der ersten Plaste-Ente im Ziel zu rechnen ist. (3 BE)

3.3.2 Erfahrungsgemäß erreichen 90 % aller Plaste-Enten das Ziel. Familie Sonntag übernimmt für drei Plaste-Enten die Patenschaft.
Berechnen Sie die Wahrscheinlichkeit dafür, dass mindestens eine ihrer Plaste-Enten das Ziel erreicht. (2 BE)

Teilaufgabe 1.1

- Ermitteln Sie, zum Beispiel zeichnerisch (GTR; GRAPH-Menü), die maximalen und minimalen Funktionswerte.

Teilaufgabe 1.2

- Betrachten Sie in der Funktionsgleichung $y = g(x) = \sin\left(x + \frac{\pi}{2}\right)$ $(x \in \mathbb{R};\, 0 \le x \le 2 \cdot \pi)$ den Koeffizienten von x.
- Der Koeffizient ist 1 und bestimmt die kleinste Periode.
- Zur Nullstellenermittlung löst man die Gleichung $0 = \sin\left(x + \frac{\pi}{2}\right)$ $(x \in \mathbb{R};\, 0 \le x \le \pi)$.
- Nutzen Sie dafür das GRAPH-Menü des GTR.

Teilaufgabe 1.3

- Nutzen Sie das GRAPH-Menü des GTR.
- Beachten Sie das vorgegebene Intervall.
- Lassen Sie sich die Tiefpunktkoordinaten anzeigen.

Teilaufgabe 1.4

- Wenn die Graphen der Funktionen f und g sich schneiden, erfüllen die Schnittpunktkoordinaten beide Funktionsgleichungen.
- Die Schnittpunkte können mithilfe des GRAPH-Menüs des GTR ermittelt werden. Dabei ist auf eine optimale Fenstereinstellung zu achten (siehe Intervallvorgabe).

Teilaufgabe 1.5

- Die Funktion soll uneingeschränkt für alle $x \in \mathbb{R}$ definiert sein.
- Der Wertebereich ist eingeschränkt.
- Der kleinste Funktionswert ist 0, der größte 4.
- Wählen Sie eine Funktion mit der Gleichungsform:

$$y = h(x) = \underset{\substack{\uparrow \\ \text{Stauchung oder Streckung}}}{a} \cdot \sin x + \underset{\substack{\uparrow \\ \text{Verschiebung entlang der y-Achse}}}{c} \quad (a \in \mathbb{R};\, a \neq 0;\, c \in \mathbb{R})$$

Teilaufgabe 2.1

- Das Stelzenhaus hat die Form eines geraden, vierseitigen Prismas.
- Seine Grundfläche ist ein Trapez.
- Berechnen Sie das Volumen dieses Prismas.
- Nutzen Sie die Formel: $V = \underset{\substack{\uparrow \\ \text{Grundfläche}}}{A_G} \cdot \underset{\substack{\uparrow \\ \text{Körperhöhe}}}{h}$

Beachten Sie, dass für den Flächeninhalt des Trapezes $A = \frac{a + c}{2} \cdot h$ gilt.

↑ Abstand der parallelen Seiten

Teilaufgabe 2.2

Die Fläche, die mit Dachpappe belegt werden soll, lässt sich durch ein Rechteck mit den Seitenlängen a und b beschreiben.

Die Seitenlänge b ist bekannt.

Sie ist 120 cm lang.

Die Seitenlänge a setzt sich aus der Länge des Überstandes und einer noch unbekannten Länge x zusammen.

Im rechtwinkligen Dreieck mit den Kathetenlängen 10 cm und 100 cm ist x die Hypotenuse.

Berechnen Sie mithilfe des Satzes von Pythagoras die Länge des Teiles x.

Der Flächeninhalt des gesuchten Rechtecks ist $A = a \cdot b = (35 + x) \cdot b$.

Teilaufgabe 2.3

Die Leiter lehnt an der Stelze an.

Damit wird mit dem Boden ein rechtwinkliges Dreieck gebildet.

Ein Innenwinkel, die Gegenkathete und die Hypotenuse für dieses Dreieck sind gegeben.

Wenden Sie eine Winkelbeziehung auf das rechtwinklige Dreieck an.

Teilaufgabe 3.1.1

Betrachten Sie den Graphen der Funktion im Koordinatensystem.

Ermitteln Sie den Scheitelpunkt der Parabel.

Die Breite der Öffnung des Brückenbogens in Höhe der Wasseroberfläche bestimmt man über den Abstand der zwei Nullstellen der Funktion f.

Teilaufgabe 3.1.2

Der Brückenbogen wird durch eine Parabel modelliert. Das Koordinatensystem wird so festgelegt, dass der Graph der Funktion f achsensymmetrisch zum Koordinatenursprung liegt.

Legen Sie als Modell des Ausflugsbootes ein Rechteck achsensymmetrisch zur y-Achse.

Eine Seite des Rechtecks liegt auf der x-Achse.

Zur Erfüllung des Sachverhaltes müsste das Rechteck vollständig innerhalb des vorgegebenen Parabelabschnittes liegen.

Prüfen Sie zum Beispiel die Bedingung $f(2{,}4) > 2{,}5$.

Teilaufgabe 3.2.1

- Gegeben ist ein beliebiges Dreieck ABC.
- Wenden Sie den Innenwinkelsatz für Dreiecke an, um γ zu berechnen.
- Außerdem ist die Länge der Seite $\overline{AB}$ gegeben.
- Wenden Sie auf das Dreieck ABC den Sinussatz an.

Teilaufgabe 3.2.2

- Betrachten Sie das Dreieck ADC.
- Es ist ein rechtwinkliges Dreieck.
- Nutzen Sie eine trigonometrische Beziehung zur Berechnung der Länge der gesuchten Kathete.

Teilaufgabe 3.3.1

- Die Plaste-Enten bewegen sich mit annähernd konstanter Geschwindigkeit.
- Betrachten Sie die Zuordnung „Schwimmzeit der Ente $\mapsto$ zurückgelegter Weg".
- Die einander zugeordneten Größen sind direkt proportional zueinander.

Teilaufgabe 3.3.2

- Legen Sie die Zufallsvariable X (Anzahl der Enten, die das Ziel erreichen) fest.
- Nutzen Sie die Wahrscheinlichkeit des Gegenereignisses zur zügigen Berechnung des gesuchten Ereignisses.
- Die Wahrscheinlichkeit P(E) eines Ereignisses und die Wahrscheinlichkeit $P(\overline{E})$ des Gegenereignisses summieren sich zu 1: $P(E) + P(\overline{E}) = 1$
- Wenden Sie die Pfadmultiplikationsregel an.

Lösungen zu Teil A

1 ☒ 25 %

Erklärung der Lösung:
10 km = 10 000 m

2 500 m von 10 000 m sind $\frac{2\,5\cancel{00}\ \cancel{m}^1}{10\,0\cancel{00}\ \cancel{m}^1} = \frac{25}{100} = 25\ \%$

2 ☒ $f(x) = \frac{1}{x-2}$

Erklärung der Lösung:
Eine Einschränkung des Definitionsbereiches ist notwendig, wenn der Funktionsterm nicht für alle Werte der Variablen x berechenbar ist.
Wenn man den vorgegebenen Wert $x = 2$ in den Term $\frac{1}{x-2}$ einsetzt, erhält man $\frac{1}{2-2} = \frac{1}{0}$ und somit einen nicht definierten Term.

3 ☒ $f(x) = 2^{-x}$

Erklärung der Lösung:
Der Verlauf des Graphen zeigt, dass es sich um eine Exponentialfunktion mit der allgemeinen Gleichung $f(x) = a^x$ ($x \in \mathbb{R}$; $a \in \mathbb{R}$; $a > 0$; $a \neq 1$) handeln muss. Da der Graph der Funktion im II. und I. Quadranten monoton fallend verläuft, muss die Basis a einen Wert zwischen 0 und 1 haben. Das trifft nur auf die Funktion $f(x) = 2^{-x}$ ($x \in \mathbb{R}$) zu:

$f(x) = 2^{-x} = (2^{-1})^x = \left(\frac{1}{2}\right)^x$

Hinweis: Auch eine Punktprobe kann hilfreich sein.
z. B. $f(-2) = 2^{-(-2)} = 2^2 = 4 \quad \Rightarrow \quad P(-2\,|\,4)$
Der Punkt P liegt auf dem Graphen der Funktion.

4 ☒ $\frac{2}{a}$

Erklärung der Lösung:
Es gilt nach Definition $a^{-1} = \frac{1}{a}$. Also gilt $2 \cdot a^{-1} = 2 \cdot \frac{1}{a} = \frac{2}{a}$.

5 ☒ hat 1 paralleles Seitenpaar

Erklärung der Lösung:
Laut Definition ist jedes Trapez ein ebenes Viereck mit einem Paar paralleler Seiten.

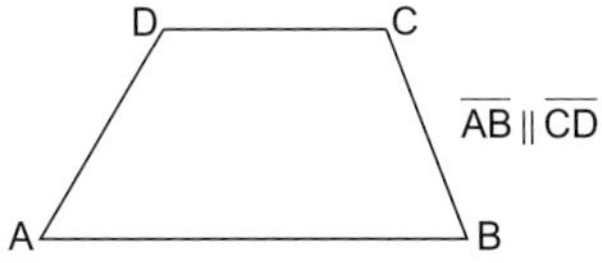

Hinweise:
Auch durch Ausschluss der anderen Möglichkeiten kann nachgewiesen werden, dass nur diese eine Aussage wahr ist.

☐ Jedes Trapez hat eine Symmetrieachse.

Nicht jedes Trapez hat eine Symmetrieachse. Ein achsensymmetrisches Trapez ist ein besonderes Trapez. Seine Schenkel sind gleich lang.

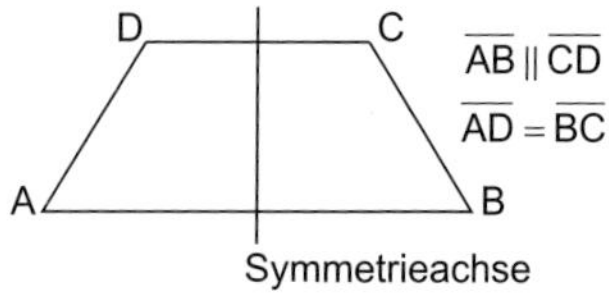

☐ Jedes Trapez ist ein Rechteck.

Diese Aussage ist falsch. Umgekehrt trifft zu, dass jedes Rechteck ein Trapez ist.

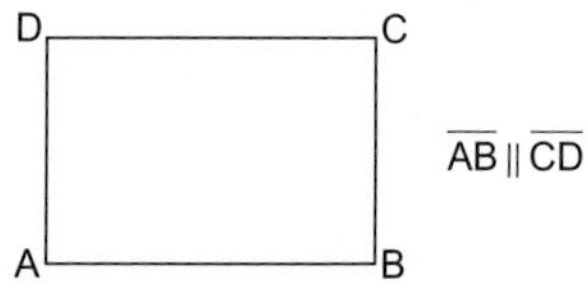

☐ Jedes Trapez ist ein Parallelogramm.

Auch diese Aussage ist falsch. Die Umkehrung des Satzes ist wahr: Jedes Parallelogramm ist ein Trapez.

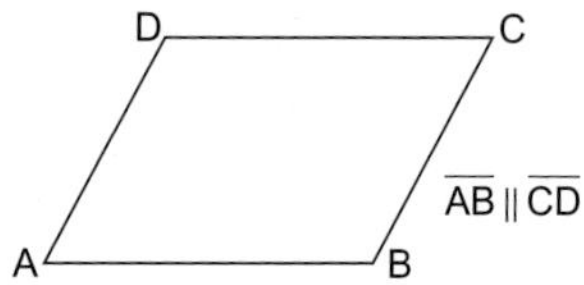

☐ Jedes Trapez hat 2 spitze Innenwinkel.

Ein Gegenbeispiel reicht, um die Aussage zu widerlegen. Ein Rechteck ist ein Trapez. Allerdings sind die Innenwinkel rechte Winkel, somit liegt kein spitzer Innenwinkel vor.

6 ☒ $\frac{4}{36}$

Erklärung der Lösung:
Beim vorliegenden Versuch handelt es sich um ein Laplace-Experiment: Jedes Ergebnis des Zufallsversuches tritt mit gleicher Wahrscheinlichkeit ein. Die Wahrscheinlichkeit eines Ereignisses E lässt sich dann so berechnen:

$$P(E) = \frac{\text{Anzahl der Ergebnisse, bei denen E eintritt}}{\text{Anzahl aller möglichen Ergebnisse}}$$

1. Möglichkeit:
Anzahl aller möglichen Ergebnisse:
Für die 1. Stufe des Zufallsversuches (1. Wurf) gibt es 6 Möglichkeiten (Augenzahlen 1 bis 6).
Für die 2. Stufe des Zufallsversuches (2. Wurf) gibt es ebenso 6 Möglichkeiten (Augenzahlen 1 bis 6).
Es gibt damit insgesamt $6 \cdot 6 = 36$ mögliche Ergebnisse.

Anzahl der Ergebnisse, bei denen E eintritt:
Das Produkt 6 kann durch folgende Würfe entstehen:

1. Wurf	2. Wurf	Produkt
1	6	6
6	1	6
2	3	6
3	2	6

Es gibt vier Möglichkeiten, durch Multiplikation der geworfenen Augenzahlen die 6 zu erhalten. Dies führt zu $P(E)=\frac{4}{36}$.

2. Möglichkeit:
Eine Tabelle liefert die vollständige Ergebnismenge des Zufallsversuches.

	1	2	3	4	5	6
1	1	2	3	4	5	**6**
2	2	4	**6**	8	10	12
3	3	**6**	9	12	15	18
4	4	8	12	16	20	24
5	5	10	15	20	25	30
6	**6**	12	18	24	30	36

Auch hier ist erkennbar, dass vier Ergebnisse zum Ereignis „Das Produkt ist 6." gehören. Bei insgesamt 36 vorliegenden Ergebnissen ergibt sich ebenfalls $P(E)=\frac{4}{36}$.

7 Festlegung der Variablen:
x … Masse des Obstes der Güteklasse A in kg
y … Masse des Obstes der Güteklasse B in kg
$x, y \in \mathbb{N}$ $(0<x<21;\ 0<y<21)$

Die Informationen werden mittels der Variablen x und y als Gleichungen notiert.

Verkauf von 21 kg Obst beider Güteklassen: (I) $x + y = 21$

Bei Einnahmen von 81,00 € ergibt die Kostenbilanz unter Reduktion der Einheiten: (II) $5x + 3y = 81$

↓ (5x): 1 kg Obst der Güteklasse A kostet 5,00 €
↓ (3y): 1 kg Obst der Güteklasse B kostet 3,00 €

Das lineare Gleichungssystem kann z. B. mithilfe des Einsetzungsverfahrens gelöst werden.

(I) $x + y = 21$
(II) $5x + 3y = 81$

$$x + y = 21 \quad |-x$$
$$y = 21 - x$$

Einsetzen in (II):

$$5x + 3(21 - x) = 81$$
$$5x + 63 - 3x = 81 \quad |\text{Zusammenfassen}$$
$$2x + 63 = 81 \quad |-63$$
$$2x = 18 \quad |:2$$
$$x = 9$$

Wird dieses Ergebnis in die zuerst umgestellte Gleichung eingesetzt, erhält man die Lösung für y.

$$y = 21 - 9 = 12$$

Ergebnis: Der Händler hat 9 kg Obst der Güteklasse A und 12 kg Obst der Güteklasse B verkauft.

8 Das Seil setzt sich aus drei Teilstücken zusammen. Die Gesamtlänge s des Seils ergibt sich aus der Summe der Längen der Teilstücke.
Das erste Teilstück ist $3 \cdot a$ lang, das zweite Teilstück entspricht der Länge des Kreisbogens von einem Viertelkreis mit dem Radius a.

$$\frac{1}{4} \cdot u = \frac{1}{\cancel{4}_2} \cdot \cancel{2}^1 \cdot \pi \cdot a = \frac{1}{2} \cdot \pi \cdot a$$

Das dritte Teilstück ist $2 \cdot a$ lang.

Gesamtlänge s: $s = 3 \cdot a + \frac{1}{2} \cdot \pi \cdot a + 2 \cdot a \quad |\text{Zusammenfassen}$

$$s = 5 \cdot a + \frac{1}{2} \cdot \pi \cdot a \quad |\text{Ausklammern von a}$$

$$\underline{s = \left(5 + \frac{1}{2} \cdot \pi\right) \cdot a}$$

Damit ist gezeigt, dass das Seil die vorgegebene Länge s hat.

9.1

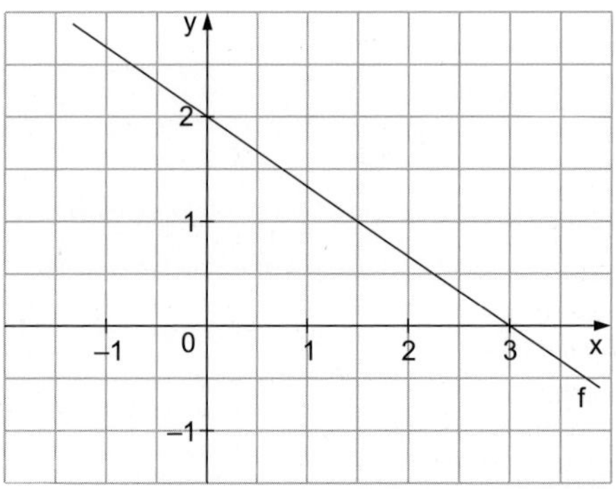

Erklärung der Lösung:

Es gibt mehrere Möglichkeiten, wie man vorgehen kann, um den Graphen der linearen Funktion

$$f(x) = -\frac{2}{3} \cdot x + 2 \quad (x \in \mathbb{R})$$

in ein Koordinatensystem zu zeichnen. Zwei Varianten werden hier erläutert.

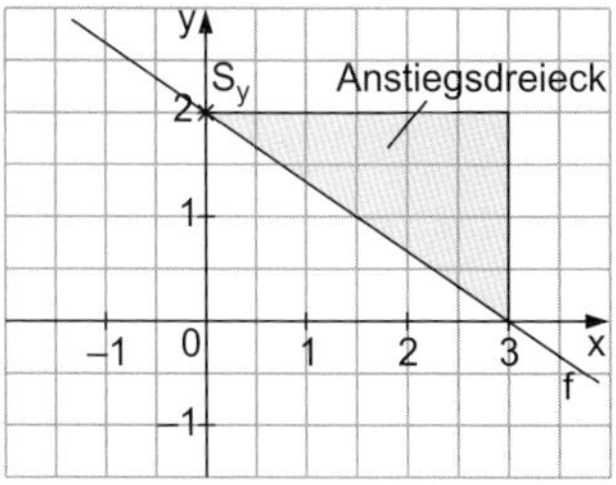

Der Graph einer linearen Funktion ist stets eine Gerade. Zwei Punkte reichen, um sie eindeutig zu zeichnen.

1. Möglichkeit:

$$f(x) = \underbrace{-\frac{2}{3}}_{\text{Anstieg}} \cdot x + \underbrace{2}_{\text{Achsenabschnitt}}$$

Aus der Funktionsgleichung kann man mithilfe des Achsenabschnittes den Punkt $S_y(0\,|\,2)$ ablesen. Mithilfe des Anstieges $m = -\frac{2}{3} = \frac{-2}{3}$ lässt sich von S_y aus das Anstiegsdreieck zeichnen.

Hinweis: $\frac{-2}{3}$ $\begin{array}{l} \rightarrow \text{2 Einheiten entgegen der Richtung der positiven y-Achse gehen} \\ \rightarrow \text{3 Einheiten in Richtung der positiven x-Achse gehen} \end{array}$

2. Möglichkeit:

Es werden zwei beliebige Punkte auf dem Graphen der Funktion gewählt. Dabei sollten die Werte für das Argument x im dargestellten Bereich $-1 \leq x \leq 3$ liegen und nach dem Einsetzen in die Funktionsgleichung möglichst ganzzahlige Funktionswerte liefern.

$$x = 3: \quad f(3) = -\frac{2}{3} \cdot 3 + 2 = 0 \quad \Rightarrow \quad \underline{A(3\,|\,0)}$$

$$x = 0: \quad f(0) = -\frac{2}{3} \cdot 0 + 2 = 2 \quad \Rightarrow \quad \underline{B(0\,|\,2)}$$

9.2 $g(x) = 2x + 2$

Erklärung der Lösung:

1. Möglichkeit:

Trägt man die Punkte $A(-1\,|\,0)$ und $B(0\,|\,2)$ in das Koordinatensystem ein, kann man durch Zeichnen der Funktionsgeraden und durch die umgekehrte Verfahrensweise des unter Teilaufgabe 9.1 (1. Möglichkeit) gezeigten Vorgehens die Funktionsgleichung $g(x) = 2 \cdot x + 2 \; (x \in \mathbb{R})$ ermitteln.

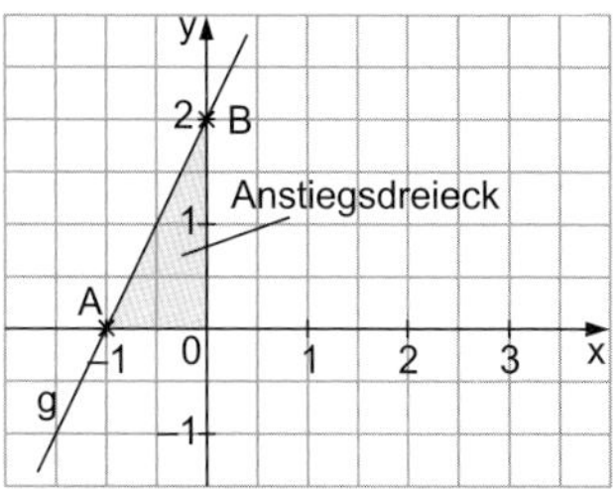

2. Möglichkeit:
Die Funktionsgleichung der linearen Funktion kann auch durch Rechnung gefunden werden. Für jede lineare Funktion g gilt die allgemeine Gleichung

$$g(x) = \underset{\substack{\uparrow \\ \text{Anstieg}}}{m} \cdot x + \underset{\substack{\uparrow \\ \text{Achsen-} \\ \text{abschnitt}}}{n} \quad (x \in \mathbb{R};\ m \in \mathbb{R};\ n \in \mathbb{R})$$

Den Anstieg m kann man mithilfe der gegebenen Punkte A(–1 | 0) und B(0 | 2) über den Differenzenquotienten berechnen:

$$m = \frac{g(x_B) - g(x_A)}{x_B - x_A} = \frac{2-0}{0-(-1)} = \frac{2}{1} = 2$$

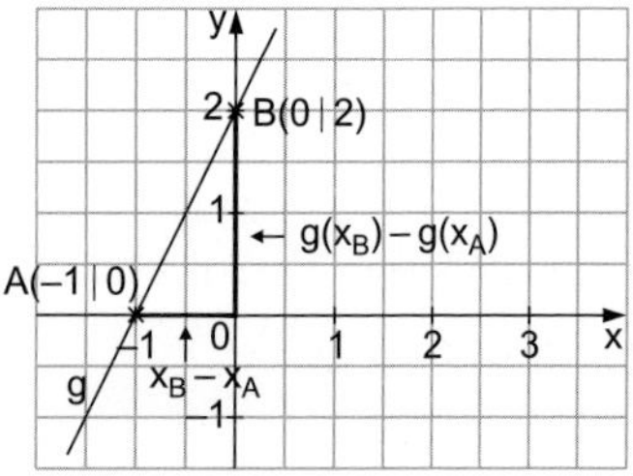

Der Punkt B liegt auf dem Graphen der Funktion, deshalb müssen seine Punktkoordinaten die Gleichung $g(x) = m \cdot x + n$ erfüllen.
Durch Einsetzen von $x = 0$ und $g(0) = 2$ und den ermittelten Anstieg $m = 2$ kann man den Achsenabschnitt n rechnerisch ermitteln.

$$g(x_B) = m \cdot x_B + n$$
$$2 = 2 \cdot 0 + n$$
$$2 = n$$

Ergebnis: Die Funktionsgleichung der gesuchten Funktion g ist $g(x) = 2 \cdot x + 2$.

9.3 In der grafischen Darstellung ist die gesuchte Fläche als Dreieck ANB zu erkennen.
Für den Flächeninhalt jedes Dreiecks gilt:

$$A = \frac{1}{2} \cdot \underset{\substack{\uparrow \\ \text{Grund-} \\ \text{seite}}}{g} \cdot \underset{\substack{\uparrow \\ \text{zugehörige} \\ \text{Höhe}}}{h}$$

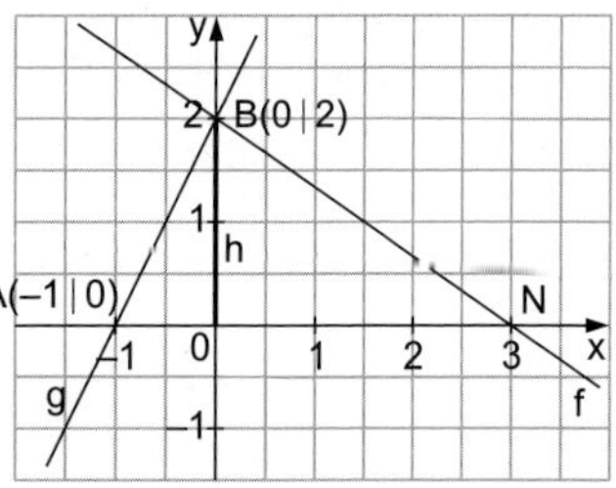

Von den drei möglichen Seiten des Dreiecks ANB sollte man die Strecke $\overline{AN}$ als Grundseite wählen, da die zugehörige Höhe h ganzzahlig ablesbar ist. Sie ist durch die y-Koordinate des Punktes B mit $h = 2$ festgelegt.
Die Länge der Strecke $\overline{AN}$ erhält man aus dem Abstand der Nullstellen beider Funktionen.

Nullstelle der Funktion g:
$x_A = -1$

Nullstelle der Funktion f:

$$0 = -\frac{2}{3} \cdot x_N + 2 \quad |-2$$

$$-2 = -\frac{2}{3} \cdot x_N \quad \left| \cdot \left(-\frac{3}{2}\right)\right.$$

$$-\not{2}^{1} \cdot \left(-\frac{3}{\not{2}_1}\right) = x_N$$

$$3 = x_N$$

Schlussfolgerung: $\overline{AN} = g = 4$

Berechnung des Flächeninhaltes:

$$A = \frac{1}{\not{2}_1} \cdot 4 \cdot \not{2}^1$$

$$\underline{\underline{A = 4}}$$

Lösungen zu Teil B

1.1 $f(x) = 3 \cdot \sin(2 \cdot x)$ $(x \in \mathbb{R}; 0 \le x \le 2 \cdot \pi)$
Wertebereich: $\underline{\underline{y \in \mathbb{R}; -3 \le y \le 3}}$

Erklärung der Lösung:
Für eine trigonometrische Funktion der Form $y = f(x) = a \cdot \sin(b \cdot x)$ $(x \in \mathbb{R}; a \in \mathbb{R}^+; b \in \mathbb{R})$ bestimmt der Parameter a den Bereich der Funktionswerte. Der Wertebereich ist mit $-a \le f(x) \le a$ festgelegt.

Er ist auch nach der Eingabe der Funktionsgleichung in das GRAPH-Menü des GTR aus der Darstellung im Koordinatensystem erkennbar.

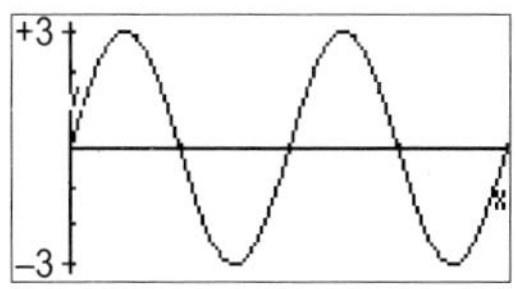

1.2 $g(x) = \sin\left(x + \frac{\pi}{2}\right)$ $(x \in \mathbb{R}; 0 \le x \le 2 \cdot \pi)$

kleinste Periode: $\underline{\underline{2\pi}}$

Erklärung der Lösung:
Die Funktionsgleichung liegt in der Form $y = f(x) = \sin(bx + c)$ $(x \in \mathbb{R}; b \in \mathbb{R}; c \in \mathbb{R})$ vor. Der Parameter b bestimmt die kleinste Periode über $p = \frac{2\pi}{b}$. Ist $b = 1$, wie im vorliegenden Fall, beträgt die kleinste Periode 2π.

Nullstellen im Intervall $0 \le x \le \pi$:
Um die Nullstellen der Funktion zu ermitteln, muss die Gleichung $0 = \sin\left(x_N + \frac{\pi}{2}\right)$ gelöst werden. Dies ist rechnerisch ohne Hilfsmittel (1. Möglichkeit) oder näherungsweise mithilfe des GTR (2. Möglichkeit) möglich.

1. Möglichkeit:
Da $\sin 0 = 0$ ist, muss $0 = x_N + \frac{\pi}{2}$ sein. Nach x_N umgestellt, erhält man $x_N = -\frac{\pi}{2}$. Wegen der Periodizität der Funktion kommen für die Nullstellen alle Vielfachen von π infrage, also $x_N = -\frac{\pi}{2} + k \cdot \pi \ (k \in \mathbb{Z})$.
Im vorgegebenen Intervall [0; π] liegt nur eine Nullstelle (für k = 1):

$$\underline{\underline{x_N = \frac{\pi}{2}}}$$

2. Möglichkeit:
Der GTR kann hier auf vielfältige Weise genutzt werden.

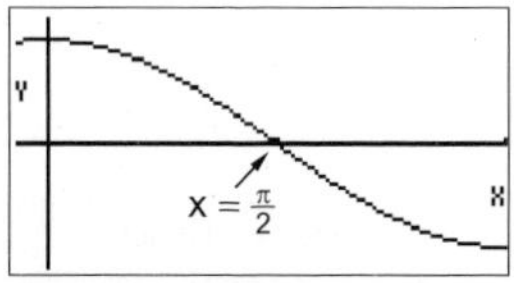

Im GRAPH-Menü des GTR veranschaulicht man sich den Graphen der Funktion g im Intervall [0; π] (V-Window-Einstellung beachten). Die Nullstelle $x_N = \frac{\pi}{2}$ ist sofort ersichtlich. Sie kann auch noch über den „ROOT"-Befehl näherungsweise angezeigt werden.

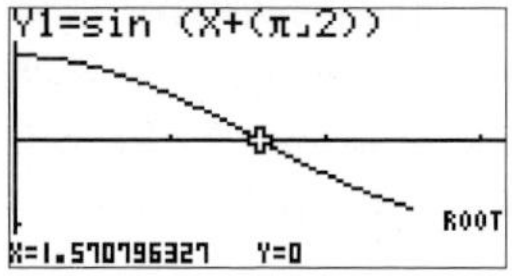

1.3 Minimumpunkt: $\underline{\underline{T(\pi; -1)}}$

Erklärung der Lösung:
Nach Eingabe der Funktionsgleichung
$y = g(x) = \sin\left(x + \frac{\pi}{2}\right) \ (x \in \mathbb{R}; 0 \le x \le 2 \cdot \pi)$
in das GRAPH-Menü des GTR und unter Berücksichtigung des Intervalls [0; 2π] (siehe Definitionsbereich) bei den V-Window-Einstellungen kann mithilfe des „MIN"-Befehls der lokale Tiefpunkt näherungsweise angezeigt werden.

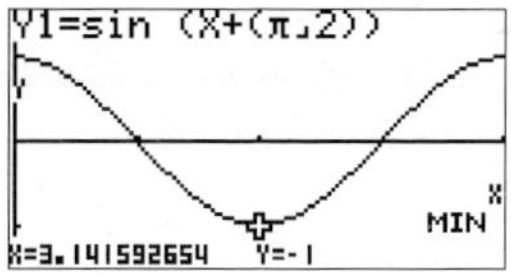

1.4 Schneiden sich die Graphen der Funktionen f und g, dann stimmen sie für ein bestimmtes Argument im Funktionswert überein, also f(x) = g(x). Die Koordinaten des Schnittpunktes S der Graphen der Funktionen f und g lassen sich effektiv mit dem GTR ermitteln.

Die Funktionsgleichungen $y = f(x) = 3 \cdot \sin(2 \cdot x)$ $(x \in \mathbb{R}; 0 \le x \le 2 \cdot \pi)$ und $y = g(x) = \sin\left(x + \frac{\pi}{2}\right)$ $(x \in \mathbb{R}; 0 \le x \le 2 \cdot \pi)$ werden in das GRAPH-Menü des GTR unter Berücksichtigung des gegebenen Intervalls [π; 2π] (V-Window-Einstellung) eingegeben. Mit dem „ISCT"-Befehl lassen sich die Schnittpunktkoordinaten näherungsweise anzeigen.

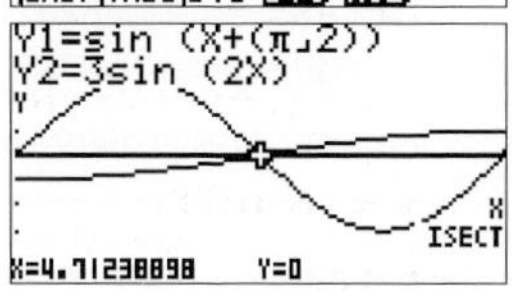

Ergebnis: $\underline{\underline{S\left(\frac{3}{2}\pi \,\middle|\, 0\right)}}$

1.5 $\underline{\underline{y = h(x) = 2 \cdot \sin x + 2}}$

Erklärung der Lösung:
Die Funktion soll für jedes Argument x ($x \in \mathbb{R}$) definiert sein. Die Funktionswerte y sollen nach Vorgabe allerdings nur im Bereich $0 \leq y \leq 4$ liegen. Als Funktionstyp ist zum Beispiel eine Sinusfunktion der Form

$y = a \cdot \sin x + c$ ($a \in \mathbb{R}$; $a \neq 0$; $c \in \mathbb{R}$) wählbar.

a: Streckung ($|a| > 1$) bzw. Stauchung ($|a| < 1$) in y-Richtung gegenüber dem Graphen von $x \mapsto \sin x$ ($x \in \mathbb{R}$) ($|a|$ wird auch als Amplitude bezeichnet)

c: verschiebt den Graphen der Funktion $x \mapsto \sin x$ in y-Richtung, falls $c > 0$, und entgegen der y-Richtung, falls $c < 0$

Liegen die Funktionswerte $y = h(x)$ im Bereich $0 \leq y \leq 4$, muss die Funktion um 2 Einheiten in y-Richtung verschoben und mit 2 gestreckt worden sein.

Hinweis: Die kleinste Periode hat keinen Einfluss auf den Wertebereich, deshalb sind auch weitere Funktionsgleichungen angebbar, z. B. $y = h(x) = 2 \cdot \sin 3x + 2$.

2.1 Das Stelzenhaus hat die Form eines geraden Prismas mit einer trapezförmigen Grundfläche und einer Körperhöhe h von 120 cm. Das Volumen eines Prismas ist mithilfe der Gleichung

$V = A_G \cdot h$ berechenbar.

A_G: Grundfläche; h: Körperhöhe

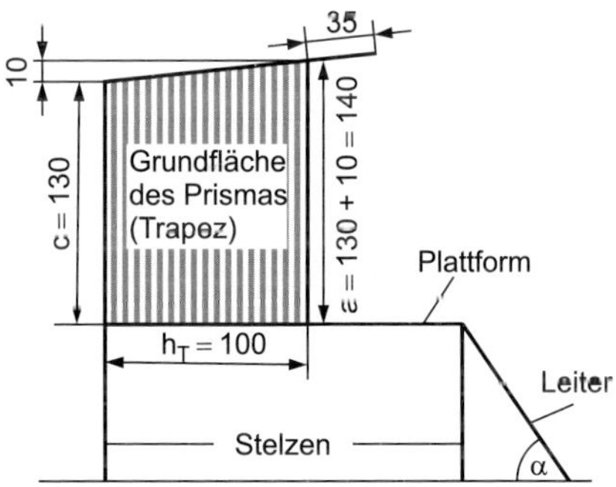

Abbildung (nicht maßstäblich)

Für ein Trapez gilt:

$A_T = \frac{1}{2}(a + c) \cdot h_T$

$\frac{1}{2}(a+c)$: Mittelwert der Längen der zueinander parallelen Seiten a und c

h_T: Höhe als Abstand zwischen den parallelen Seiten a und c

Alle benötigten Größen sind gegeben und in der Abbildung veranschaulicht:

$c = 130$

$a = 130 + 10 = 140$

$h_T = 100$

Die Maße sind alle in cm gegeben.

$$V = \frac{1}{2}(130 + 140) \cdot 100 \cdot 120$$

$$V = 1\,620\,000$$

Ergebnis: Das Volumen des Stelzenhauses beträgt $\underline{\underline{1\,620\,000\ \text{cm}^3}}$.

2.2 Das Dach hat die Form eines Rechtecks mit den Seiten a und b. Die Länge der Seite b ist mit 120 cm gegeben. Die Länge der Seite a setzt sich aus dem Überstand, der 35 cm beträgt, und der Länge von x zusammen.
Die Seite x ist die Hypotenuse in dem rechtwinkligen Dreieck (siehe Abbildung), dessen Katheten mit 10 cm und 100 cm gegeben sind. Unter Verwendung des Satzes von Pythagoras kann x berechnet werden:

$$x^2 = 10^2 + 100^2 \qquad |\sqrt{\ };\ x > 0$$
$$x = \sqrt{10^2 + 100^2}$$
$$x = 10\sqrt{101}$$

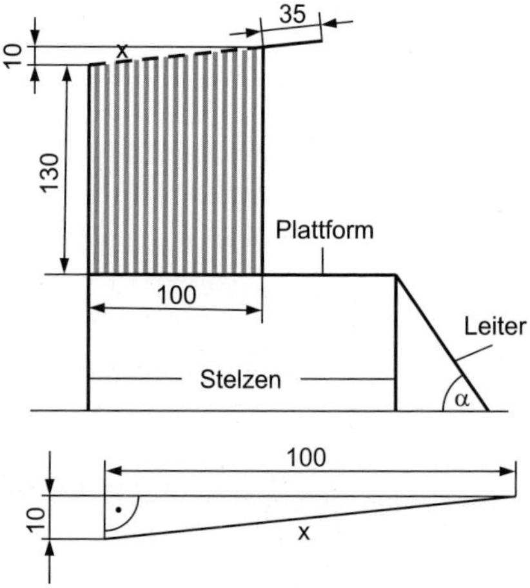

Abbildungen (nicht maßstäblich)

Die Maßzahl des Flächeninhaltes der gesuchten Rechteckfläche ergibt sich aus dem Produkt der Rechteckseiten:

$$A = a \cdot b$$
$$A = (35 + \sqrt{10^2 + 100^2}) \cdot 120$$
$$A \approx 16\,300$$

Ergebnis: Das mit Dachpappe zu belegende Dach hat eine Größe von rund $16\,300\ \text{cm}^2$.

2.3 Die 90 cm lange Leiter lehnt unter dem Anstellwinkel α an der senkrecht zum Erdboden stehenden Stelze der Länge 80 cm.
Im rechtwinkligen Dreieck ABC kann man die Größe von α mithilfe einer trigonometrischen Beziehung berechnen.

$$\sin\alpha = \frac{\text{Gegenkathete}}{\text{Hypotenuse}}$$
$$\sin\alpha = \frac{80\ \cancel{\text{cm}}^{1}}{90\ \cancel{\text{cm}}^{1}}$$
$$\alpha \approx 62{,}7°$$

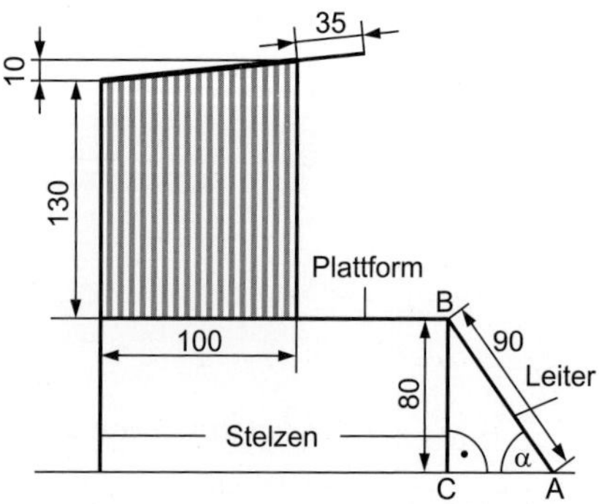

Abbildung (nicht maßstäblich)

3.1.1 $\underline{\underline{h = 3{,}9\ \text{m}}}$

Erklärung der Lösung:

Der Brückenbogen wird mithilfe einer Parabel, deren Gleichung die Form

$y = a \cdot x^2 + b \quad (x \in \mathbb{R}; a \in \mathbb{R}; a \neq 0; b \in \mathbb{R})$

↑ a: im Vergleich zur Normalparabel $x \mapsto x^2$ $(x \in \mathbb{R})$ wird der Funktionsgraph für $a > 1$ weiter geöffnet sein, für $0 < a < 1$ enger verlaufen und für $a < 0$ zusätzlich an der x-Achse gespiegelt

↑ b: kennzeichnet die Verschiebung in y-Richtung, falls $b > 0$, und entgegen der y-Richtung, falls $b < 0$

hat, modelliert. Der Parameter b legt somit die y-Koordinate des Maximumpunktes (Parabel nach unten offen; $a<0$) bzw. Minimumpunktes (Parabel nach oben offen; $a>0$) fest.

$f(x) = -0{,}3 \cdot x^2 + 3{,}9 \quad (x \in \mathbb{D}_f)$

↑ –: nach unten geöffnete Parabel

↑ 0,3: Parabel gestaucht

↑ 3,9: maximaler Funktionswert

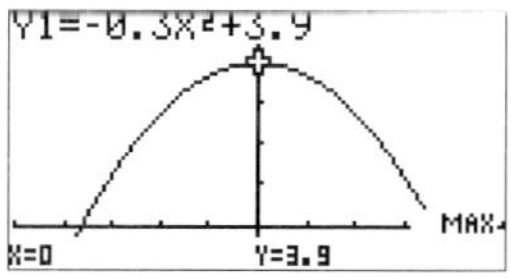

Hinweis: Auch eine grafische Lösung mithilfe des GTR ist möglich.

Anschaulich ist die x-Achse auf die Höhe der Wasseroberfläche gelegt worden. Die Breite der Öffnung des Brückenbogens in Höhe der Wasseroberfläche wird durch den Abstand der beiden Nullstellen der Funktion festgelegt.

1. Möglichkeit:

Berechnung der Nullstellen:

$$0 = -0{,}3x_N^2 + 3{,}9 \quad |-3{,}9$$

$$-3{,}9 = -0{,}3x_N^2 \quad |:(-0{,}3)$$

$$13 = x_N^2 \quad |\sqrt{\ }$$

$$\sqrt{13} = |x_N|$$

$$\Rightarrow \quad x_{N1} = \sqrt{13};\ x_{N2} = -\sqrt{13}$$

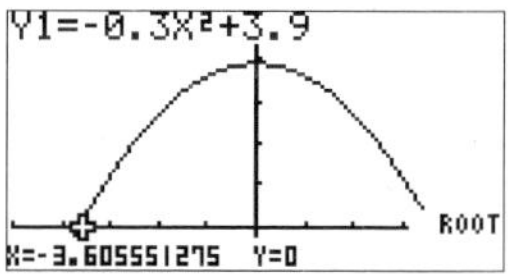

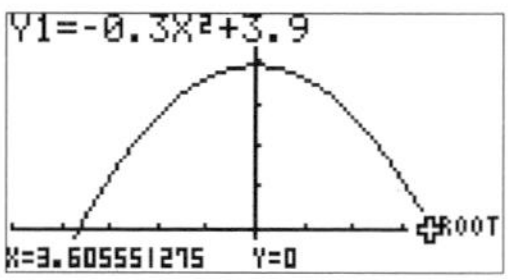

Ergebnis: Der Abstand d beträgt

$\underline{\underline{d = 2 \cdot \sqrt{13}\ \text{m} \approx 7{,}2\ \text{m}.}}$

2. Möglichkeit:

Nach der Eingabe der Funktionsgleichung im GRAPH-Menü des GTR ermittelt man über den „ROOT"-Befehl die Nullstellen. Die Summe der Abstände zwischen der jeweiligen Nullstelle und dem Koordinatenursprung ergibt die gesuchte Öffnungsbreite.

3.1.2 Die Parabel, die den Brückenbogen modelliert, liegt achsensymmetrisch zur y-Achse. Das Ausflugsboot wird modellhaft als Rechteck mit den Maßen $a = 4{,}80$ m und $b = 2{,}50$ m ebenso achsensymmetrisch zur y-Achse gelegt. Der rechteckige Querschnitt des Bootes muss innerhalb des abgebildeten Parabelabschnittes liegen. Um diese Bedingung zu erfüllen, muss der Funktionswert der Parabel an der Stelle $x = 2{,}4$ größer sein als 2,5 ($f(2{,}4) > 2{,}5$).

$f(2{,}4) = -0{,}3 \cdot 2{,}4^2 + 3{,}9 \approx 2{,}17$

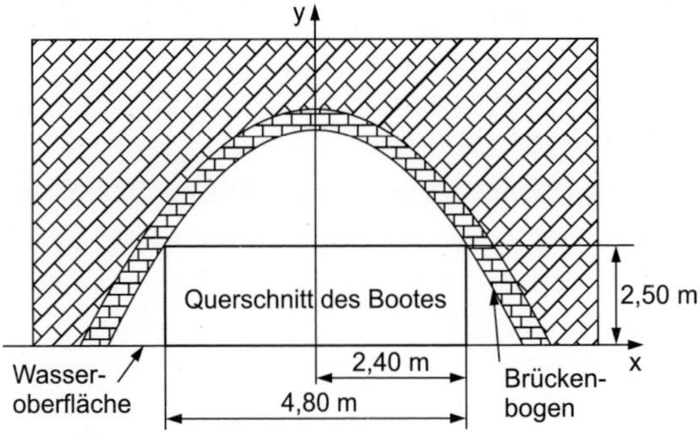

Abbildung (nicht maßstäblich)

Ergebnis: Die Brückendurchfahrt mit dem Ausflugsboot ist nicht möglich, da $2{,}17 \text{ m} < 2{,}50 \text{ m}$. Das Boot ist zu hoch.

Hinweis: Ebenso kann das Problem umgekehrt betrachtet werden. Sucht man zum vorgegebenen Funktionswert $f(x) = 2{,}50$ (Bootshöhe) das zugehörige Argument, müsste dieses mindestens 2,40 Einheiten vom Koordinatenursprung entfernt sein.

$f(x) = 2{,}5 \quad \Rightarrow \quad x \approx 2{,}16$

Da $2{,}16 \text{ m} < 2{,}40 \text{ m}$ ist die Durchfahrt des Bootes nicht möglich.

Im GRAPH-Menü des GTR kann über den Befehl „y-cal" der Funktionswert bei vorgegebenem Argument (Bild 1) und über „x-cal" das Argument bei vorgegebenem Funktionswert (Bild 2) näherungsweise ermittelt werden.

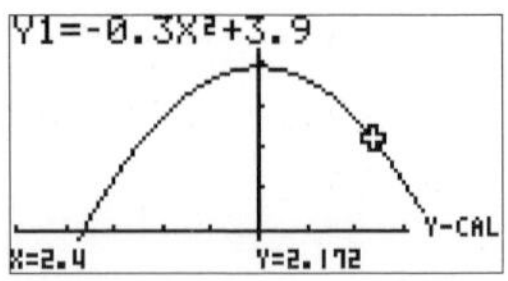

Bild 1

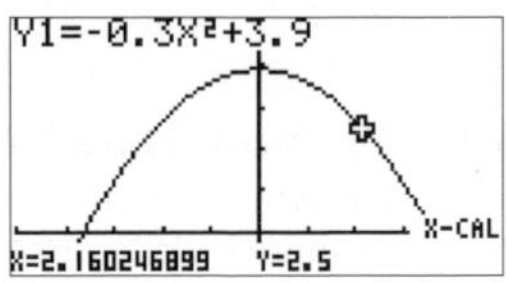

Bild 2

3.2.1 Gegeben ist ein beliebiges Dreieck ABC. Da die Innenwinkel α und β bekannt sind, kann der Innenwinkelsatz für Dreiecke angewendet werden:

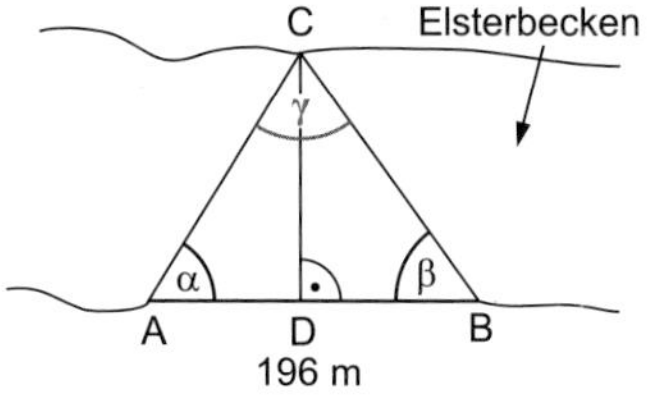

Abbildung (nicht maßstäblich)

$$\alpha+\beta+\gamma=180^\circ$$
$$\gamma=180^\circ-63^\circ-53^\circ$$
$$\gamma=64^\circ$$

Außerdem ist die Seite $\overline{AB}$ des Dreiecks ABC mit einer Länge von 196 m bekannt. Unter Anwendung des Sinussatzes kann die Länge der Seite $\overline{AC}$ berechnet werden.

$$\frac{\overline{AC}}{\sin\beta}=\frac{\overline{AB}}{\sin\gamma} \qquad |\cdot\sin\beta$$
$$\overline{AC}=\frac{\overline{AB}\cdot\sin\beta}{\sin\gamma}$$
$$\overline{AC}=\frac{196\text{ m}\cdot\sin 53^\circ}{\sin 64^\circ}$$
$$\underline{\underline{\overline{AC}\approx 174\text{ m}}}$$

Ergebnis: Damit ist bestätigt, dass die Strecke $\overline{AC}$ eine Länge von rund 174 m hat.

3.2.2 Um die Breite $\overline{CD}$ des Elsterbeckens ermitteln zu können, betrachtet man das Dreieck ADC. Es ist ein rechtwinkliges Dreieck, sodass eine trigonometrische Beziehung angewendet werden kann:

$$\sin\alpha=\frac{\overline{CD}}{\overline{AC}} \qquad |\cdot\overline{AC};\text{ Seitentausch}$$
$$\overline{CD}=\sin\alpha\cdot\overline{AC}$$
$$\overline{CD}=\sin 63^\circ\cdot 174\text{ m}$$
$$\underline{\underline{\overline{CD}\approx 155\text{ m}}}$$

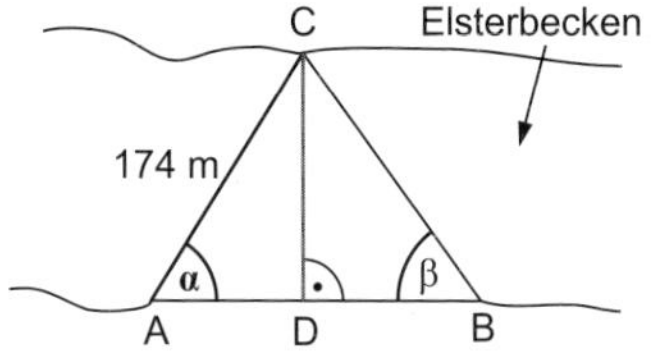

Abbildung (nicht maßstäblich)

Ergebnis: Das Elsterbecken ist rund 155 m breit.

3.3.1 Die Plaste-Enten bewegen sich mit annähernd konstanter Geschwindigkeit, sodass die Zuordnung „Schwimmzeit der Ente $\mapsto$ zurückgelegter Weg“ direkt proportional ist. Damit gilt:

Schwimmzeit t in min	zurückgelegter Weg s in m
$3 \xrightarrow{\cdot 15} 45$	$8 \xrightarrow{\cdot 15} 120$

Die schnellste Ente benötigt für die 120 m lange Strecke 45 min. Wenn sie um 11.20 Uhr startet, ist sie um 11.20 Uhr + 45 min = 12.05 Uhr im Ziel.

Ergebnis: Mit dem Eintreffen der Ente kann um 12.05 Uhr gerechnet werden.

3.3.2 Baumdiagramm zum Sachverhalt:

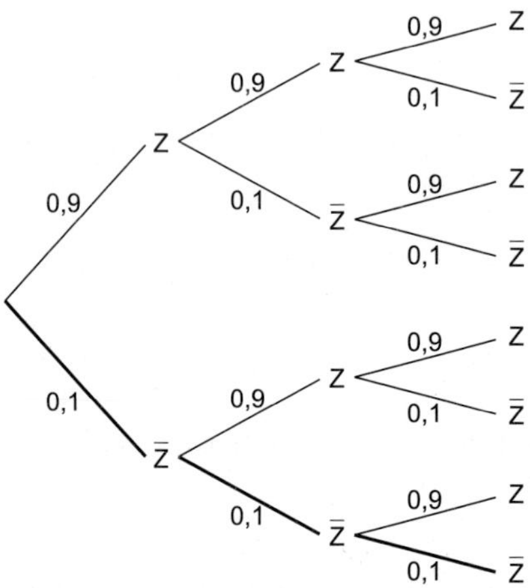

Z … Ente erreicht das Ziel

$\overline{Z}$ … Ente erreicht das Ziel nicht

Festlegung:
X … Anzahl der Enten, die das Ziel erreichen

Die Wahrscheinlichkeit dafür, dass mindestens eine der Plaste-Enten der Familie Sonntag das Ziel erreicht, ist über die Berechnung der Wahrscheinlichkeit des Gegenereignisses am effektivsten möglich.
Die Pfadmultiplikationsregel wird angewandt.

$$P(X \geq 1) = 1 - P(X < 1) = 1 - P(X = 0)$$
$$= 1 - 0{,}1 \cdot 0{,}1 \cdot 0{,}1 = 1 - 0{,}1^3$$
$$\underline{\underline{= 0{,}999}}$$

Ergebnis: Mit einer Wahrscheinlichkeit von 99,9 % erreicht mindestens eine Ente der Familie Sonntag das Ziel.

Besondere Leistungsfeststellung Mathematik Sachsen 2015

Teil A

(ohne Nutzung von Tabellen- und Formelsammlung sowie Taschenrechner)

In den Aufgaben 1 bis 6 ist von den jeweils fünf Auswahlmöglichkeiten genau eine Antwort richtig. Kreuzen Sie das jeweilige Feld an.

1 Die Struktur des Terms $(4 \cdot x - 3 \cdot y) \cdot x^2$ bezeichnet man als (1 BE)

☐	☐	☐	☐	☐
Summe	Differenz	Potenz	Produkt	Quotient

2 Das Modell eines im Maßstab 1 : 32 gefertigten Feuerwehrautos ist 30 cm lang. Die Länge des Original-Fahrzeuges beträgt: (1 BE)

☐	☐	☐	☐	☐
3,20 m	6,20 m	9,60 m	30,00 m	32,00 m

3 In der Abbildung ist der Graph der Funktion f mit folgender Gleichung dargestellt: (1 BE)

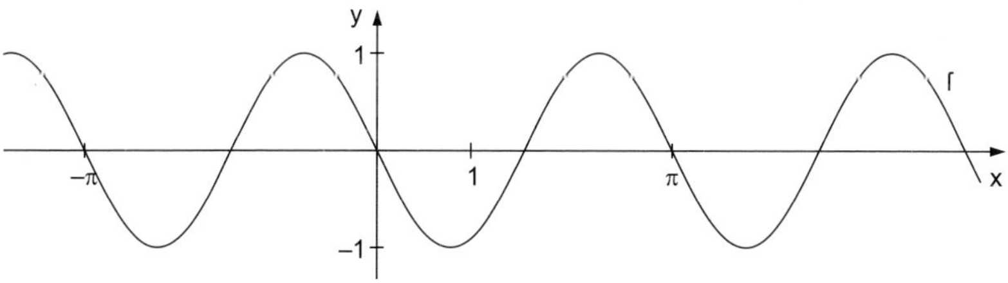

☐	☐	☐	☐	☐
$f(x) = \sin\left(\frac{1}{2} \cdot x\right)$	$f(x) = \cos(x)$	$f(x) = \cos(2 \cdot x)$	$f(x) = -\sin(x)$	$f(x) = -\sin(2 \cdot x)$

4 Welche Funktion f besitzt den größtmöglichen Definitionsbereich $D_f = \{x \mid x \in \mathbb{R},\ x \leq 2\}$? (1 BE)

☐	☐	☐	☐	☐
$f(x) = \frac{1}{x-2}$	$f(x) = \sqrt{2-x}$	$f(x) = \sqrt{x-2}$	$f(x) = \ln(2-x)$	$f(x) = -x^2 + 2$

5 Die Abbildung zeigt das Netz des folgenden Körpers: (1 BE)

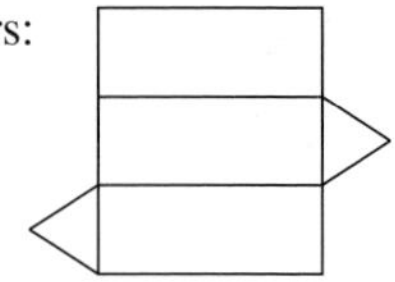

☐	☐	☐	☐	☐
Pyramide	Prisma	Tetraeder	Quader	Kreiskegel

6 Aus einer Gruppe von zwei Mädchen und drei Jungen werden zufällig zwei ausgewählt, die Eintrittskarten für ein Musikfestival erhalten.
Mit welcher Wahrscheinlichkeit erhalten die beiden Mädchen die Eintrittskarten? (1 BE)

☐	☐	☐	☐	☐
$\frac{2}{3}$	$\frac{2}{5}$	$\frac{4}{25}$	$\frac{1}{10}$	$\frac{1}{20}$

7 Das Volumen eines Würfels W_1 beträgt $27\ \text{cm}^3$. Die Kantenlänge eines Würfels W_2 ist um 1 cm länger als die des Würfels W_1.
Bestimmen Sie das Volumen des Würfels W_2. (2 BE)

8 Der Oberflächeninhalt eines geraden Kreiszylinders wird mit der Formel $A_O = 2 \cdot \pi \cdot r \cdot (r + h)$ berechnet.
Stellen Sie die Formel nach h um. (1 BE)

9 Gegeben sind die Graphen der Funktionen f, g, h und p. Die Schnittpunkte dieser Graphen sind die Eckpunkte eines Vierecks (siehe Abbildung). Die Funktionsgleichungen sind für $x \in \mathbb{R}$ $y = f(x) = \frac{3}{4} \cdot x + 3$ und $y = g(x) = \frac{3}{4} \cdot x - 3$.

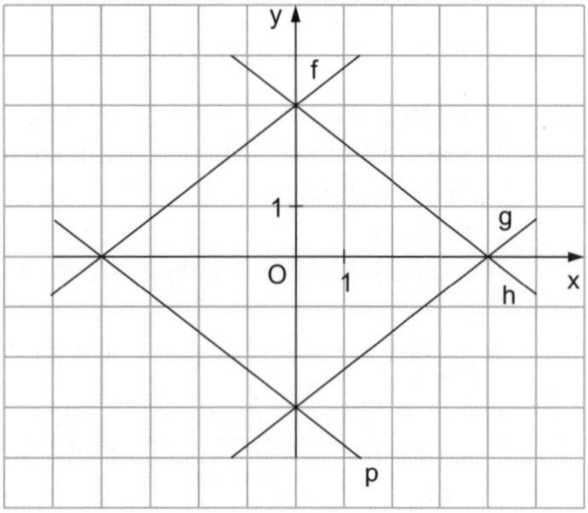

Abbildung

9.1 Geben Sie die Koordinaten des Schnittpunkts S der Graphen von h und g an.

S(__|__)

Geben Sie eine mögliche Gleichung für die Funktion h an.

______________________________ (2 BE)

9.2 Begründen Sie anhand der Funktionsgleichungen, dass dieses Viereck ein Trapez ist. (2 BE)

9.3 Berechnen Sie den Flächeninhalt dieses Vierecks. (2 BE)

Teil B

1 Gegeben sind die Funktion f durch $y = f(x) = 0{,}25 \cdot x^2 - 4 \cdot x + 7 \;(x \in \mathbb{R})$ sowie der Punkt $P(6\,|\,-8)$.

1.1 Geben Sie die Koordinaten des Extrempunktes des Graphen der Funktion f sowie die Nullstellen und den Wertebereich der Funktion f an. (3 BE)

1.2 Zeigen Sie, dass der Punkt P auf dem Graphen von f liegt.
Begründen Sie, dass es auf dem Graphen von f einen zweiten Punkt mit der y-Koordinate $y = -8$ gibt, und geben Sie dessen x-Koordinate an. (3 BE)

1.3 Der Graph einer linearen Funktion h $(D_h = \mathbb{R})$ verläuft durch den Schnittpunkt des Graphen von f mit der y-Achse und durch den Punkt P.
Bestimmen Sie eine Funktionsgleichung von h. (2 BE)

2 Bei der Renovierung eines Zimmers werden Halogenstrahler der Firma Hell installiert.

2.1 In einer Packung befinden sich drei Halogenstrahler. Es ist bekannt, dass 5 % der Halogenstrahler dieser Firma fehlerhaft sind.

Bestimmen Sie jeweils die Wahrscheinlichkeit folgender Ereignisse:
Ereignis A: Alle drei Halogenstrahler in dieser Packung sind fehlerfrei.
Ereignis B: In dieser Packung befindet sich höchstens ein fehlerhafter Halogenstrahler. (4 BE)

2.2 Ein fehlerfreier Halogenstrahler wird 2,85 m über dem Fußboden angebracht. Er dient als punktförmige Lichtquelle und erzeugt einen geraden Lichtkegel mit dem Öffnungswinkel 38,0°. Auf dem Fußboden entsteht eine kreisförmige Lichtfläche.
Berechnen Sie den Durchmesser dieser Lichtfläche. (3 BE)

3 Ägyptische Pyramiden gehören zum Weltkulturerbe.

3.1 Die wohl bekannteste ist die Cheops-Pyramide. Bei ihrer Fertigstellung war sie eine gerade quadratische Pyramide mit einer Höhe von 146,6 m. Die Länge der Seiten ihrer Grundfläche betrug 230,3 m.

3.1.1 Heute beträgt die Höhe 137,1 m.
Ermitteln Sie, um wie viel Prozent die Höhe der Pyramide heute geringer ist als bei ihrer Fertigstellung. (2 BE)

3.1.2 Alle vier Seitenflächen waren bei Fertigstellung der Pyramide mit Sandsteinplatten belegt.
Bestimmen Sie den Inhalt der Fläche, die mit Sandsteinplatten belegt war. (4 BE)

3.2 Die drei Pyramiden Cheops, Chephren und Mykerinos und die Sphinx-Statue stehen auf dem ebenen Gizeh-Plateau. Die Mittelpunkte ihrer Grundflächen werden in der angegebenen Reihenfolge mit A, B, C und S bezeichnet (siehe Abbildung).
Es gelten folgende Maße:

$\overline{AB} = 500\text{ m},\ \overline{AS} = 540\text{ m},$

$\overline{BC} = 450\text{ m},\ \overline{CS} = 960\text{ m},\ \sphericalangle ASC = 71°$

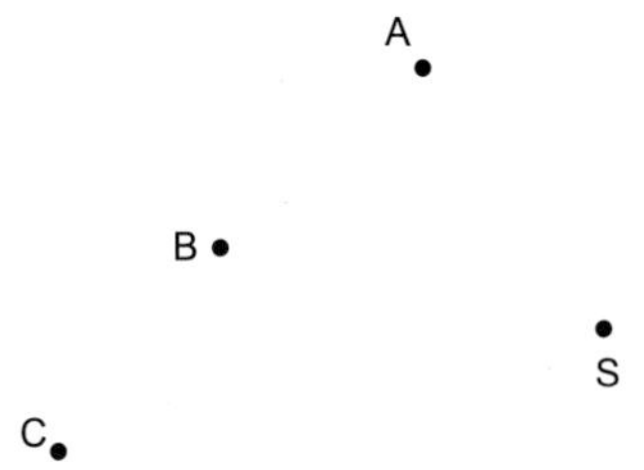

Abbildung (nicht maßstäblich)

Berechnen Sie die Entfernung $\overline{AC}$.
Begründen Sie, dass die Mittelpunkte der Grundflächen der Pyramiden Cheops, Chephren und Mykerinos nicht auf einer Geraden liegen. (4 BE)

3.3 Zur Altersbestimmung von archäologischen Funden wird der Zerfall eines radioaktiven Nuklids genutzt. Ein Messgerät zeigt zum Zeitpunkt der Messung die Anzahl von Zerfällen dieses Nuklids an. Es wird folgende Beziehung verwendet:

$$A(t) = A_0 \cdot \left(\frac{1}{2}\right)^{\frac{t}{t_H}}$$

In der Gleichung bedeuten:

t … Zeit seit Beginn des Zerfalls in Jahren

t_H … Halbwertszeit in Jahren (Zeit, in der die Hälfte des Nuklids zerfällt)

$A(t)$ … Anzahl der Zerfälle zur Zeit t

A_0 … Anzahl der Zerfälle zur Zeit $t=0$

Für das betrachtete Nuklid gelten $A_0 = 920$ und $t_H = 5\,730$.

3.3.1 Geben Sie an, wie groß die Anzahl der Zerfälle bei einem 5 730 Jahre alten Fund ist.
Ermitteln Sie die Anzahl der Zerfälle nach 10 000 Jahren. (3 BE)

3.3.2 Bei einer ägyptischen Mumie wurde festgestellt, dass die Anzahl der Zerfälle nur noch 25 % des Wertes zur Zeit $t=0$ beträgt.
Ermitteln Sie das Alter dieser Mumie. (2 BE)

Teilaufgabe 1.1

- Lassen Sie sich im GRAPH-Menü des GTR den Graphen der Funktion anzeigen.
- Beachten Sie bei der Einstellung des Anzeigefensters, dass die nach oben geöffnete Parabel genau einen Tiefpunkt und maximal zwei Nullstellen besitzen kann.
- Ermitteln Sie nun über die Befehle „MIN“ und „ROOT“ die Koordinaten des Extrempunktes und die Nullstellen der Funktion.
- Schlussfolgern Sie mithilfe der Extrempunktkoordinaten den maximalen Wertebereich.

Teilaufgabe 1.2

- Liegt ein Punkt auf dem Graphen einer Funktion, müssen seine Koordinaten die Funktionsgleichung erfüllen.
- Zeigen Sie, dass nach dem Einsetzen der Punktkoordinaten in die Funktionsgleichung auf beiden Seiten der Gleichung äquivalente Terme stehen.
- Der Graph der vorliegenden quadratischen Funktion ist eine Parabel.
- Aufgrund der Symmetrieeigenschaft des Graphen der Funktion können Sie die Existenz eines zweiten Punktes mit identischem Funktionswert begründen, wenn dieser Punkt P nicht der Extrempunkt ist.
- Für die Anzeige der zweiten x-Koordinate für $y=-8$ mithilfe des GTR erweitern Sie gegebenenfalls das Intervall im Anzeigefenster.

Teilaufgabe 1.3

- Lesen Sie die Schnittpunktkoordinaten des Graphen der Funktion mit der y-Achse aus der Darstellung (siehe Teilaufgabe 1.1) ab.
- Der Schnittpunkt $S(0\,|\,7)$ und der gegebene Punkt $P(6\,|\,-8)$ liegen auf dem Graphen einer linearen Funktion.
- Deren allgemeine Gleichung lautet $y=h(x)=m\cdot x+n$.
- Den Achsenabschnitt n und den Anstieg m können Sie auf verschiedene Weise ermitteln.

Teilaufgabe 2.1

- Die Zufallsgröße X beschreibe die Anzahl der fehlerfreien Halogenstrahler.
- Da dem Eintreten des Ereignisses A im Baumdiagramm nur ein Pfad zugeordnet werden kann, müssen Sie die Wahrscheinlichkeiten entlang dieses Pfades für $X=3$ multiplizieren.
- Für das Ereignis B finden Sie im Baumdiagramm vier zugehörige Pfade.
- Berechnen Sie die Wahrscheinlichkeit des Ereignisses B, indem Sie die für $X=3$ und $X=2$ ermittelten Wahrscheinlichkeiten addieren.

Teilaufgabe 2.2

- Veranschaulichen Sie sich den Sachverhalt in einer räumlichen Skizze.
- Markieren Sie die Schnittfläche, die entsteht, wenn ein zur Grundfläche senkrechter Schnitt durch den Lichtkegel und seine Spitze erfolgt.
- Ordnen Sie die gegebenen bzw. gesuchten Größen dem Durchmesser der Grundfläche, der Höhe und dem Öffnungswinkel an der Spitze des Kreiskegels zu.
- Die Schnittfläche ist ein gleichschenkliges Dreieck.
- Es kann in zwei kongruente, rechtwinklige Dreiecke zerlegt werden.
- Ein Innenwinkel und eine Kathete des rechtwinkligen Dreiecks sind gegeben.
- Nutzen Sie eine trigonometrische Beziehung zur Berechnung der anderen Kathetenlänge.

Teilaufgabe 3.1.1

- Das Verhältnis der Länge der heutigen Höhe zur Länge der Ausgangshöhe (Bauhöhe) gibt Ihnen an, auf wie viel Prozent des Ausgangswertes diese Größe gesunken ist.
- Ermitteln Sie den Differenzwert zu 100 %.

Teilaufgabe 3.1.2

- Zeichnen Sie sich zur Veranschaulichung eine Pyramide und tragen Sie die gegebenen Größen ein.
- Die Seitenflächen der quadratischen Pyramide sind vier kongruente gleichschenklige Dreiecke.
- Die Grundseite eines solchen Dreiecks ist mit $a = 230{,}3$ m gegeben.
- Die zur Grundseite zugehörige Höhe h_a kann mithilfe des Satzes von Pythagoras berechnet werden.
- Suchen Sie dazu in der Zeichnung von der Pyramide ein rechtwinkliges Dreieck, bei dem die Höhe h der Pyramide und die halbe Grundseite $\frac{a}{2}$ die Katheten des Dreiecks sind.
- Berechnen Sie den Flächeninhalt A_S einer Seitenfläche durch Anwenden der Formel $A_S = \frac{1}{2} \cdot a \cdot h_a$.
- Beachten Sie, dass es insgesamt vier solche Flächen gibt.

Teilaufgabe 3.2

- Zeichnen Sie das Dreieck SAC und tragen Sie alle gegebenen Größen ein.
- Im Dreieck SAC sind eine Winkelgröße und die Länge zweier Dreiecksseiten, die den Winkel einschließen, bekannt.
- Wenden Sie auf das Dreieck SAC den Kosinussatz zur Berechnung von $\overline{AC}$ an.
- Wenn der Punkt B auf der Strecke $\overline{AC}$ liegt, muss die Bedingung $\overline{AC} = \overline{AB} + \overline{BC}$ erfüllt sein. Prüfen Sie, ob das gilt.

Teilaufgabe 3.3.1

- Es ist die Anzahl der Zerfälle bei einem 5 730 Jahre alten Fund gesucht.
- Diese Zeitangabe stimmt mit der Halbwertszeit des Nuklids überein.
- Es muss also die Hälfte von A_0 angegeben werden.
- Ermitteln Sie die Anzahl der Zerfälle nach 10 000 Jahren durch Einsetzen von $t = 10\,000$ in die Funktionsgleichung.

Teilaufgabe 3.3.2

- Die Anzahl der Zerfälle beträgt nur noch $25\,\% = \frac{1}{4}$ vom Ausgangswert.
- Bei der Mumie registriert man also $\frac{1}{4}$ von $920 = 230$ Zerfälle.
- Die 230 sind der Funktionswert zum gesuchten Argument t.
- Ermitteln Sie das Argument unter Verwendung der Funktionsgleichung:

$$A(t) = A_0 \cdot \left(\frac{1}{2}\right)^{\frac{t}{t_H}}$$

1 ☒ Produkt

Erklärung der Lösung:
Besteht ein Term aus mehreren Teiltermen, wird die Struktur des Gesamtterms durch die zuletzt auszuführende Rechenoperation festgelegt.

Term: $(4 \cdot x - 3 \cdot y) \cdot x^2$

Teilterme: $T_1 = 4 \cdot x - 3 \cdot y$ und $T_2 = x^2$

Grundstruktur: $T_1 \underset{\substack{\uparrow \\ \text{Produkt}}}{\cdot} T_2$

2 ☒ 9,60 m

Erklärung der Lösung:
Der Maßstab 1:32 bedeutet, dass 1 cm im Modell 32 cm in der Wirklichkeit sind. Ist das Modell 30 cm lang, muss es im Original $30 \text{ cm} \cdot 32 = 960 \text{ cm} = 9{,}60 \text{ m}$ lang sein.

Modell	Wirklichkeit
1 cm	32 cm
·30 → 30 cm	960 cm (·30)

3 ☒ $f(x) = -\sin(2 \cdot x)$

Erklärung der Lösung:
Aus der Abbildung lässt sich die kleinste Periode der trigonometrischen Funktion ablesen: π
Schlussfolgern kann man damit die Funktionsgleichungen $f^*(x) = \sin(2 \cdot x)$ oder $f^*(x) = \cos(2 \cdot x)$.
Aus den vorgegebenen Funktionstermen ist zu erkennen, dass keine Verschiebung des Graphen der Funktion entlang der x-Achse vorliegen kann. Deshalb gehört der Punkt $P(0\,|\,0)$ zum Graphen einer Sinusfunktion. Da die Funktionswerte für $0 < x < \frac{\pi}{2}$ negativ sind, muss eine Spiegelung des Graphen der Funktion $f^*(x) = \sin(2 \cdot x)$ an der x-Achse erfolgt sein. Damit ergibt sich die Funktionsgleichung $f(x) = -\sin(2 \cdot x)$.

4 ☒ $f(x) = \sqrt{2 - x}$

Erklärung der Lösung:
Angabe der Definitionsbereiche aller angegebenen Funktionen:

$$f(x) = \frac{1}{x - 2}$$

$\frac{1}{x-2}$ ist für $x - 2 = 0$, also $x = 2$ nicht definiert.

Definitionsbereich: $x \in \mathbb{R};\ x \neq 2$

$f(x) = \sqrt{2-x}$

$2 - x < 0 \quad |+x$

$2 < x \qquad \Rightarrow \quad \sqrt{2-x}$ ist für $2 < x$ nicht definiert.

Definitionsbereich: $x \in \mathbb{R};\ x \leq 2$

$f(x) = \sqrt{x-2}$

$\sqrt{x-2}$ ist für $x - 2 < 0$, also $x < 2$ nicht definiert.

Definitionsbereich: $x \in \mathbb{R};\ x \geq 2$

$f(x) = \ln(2-x)$

$\ln(2-x)$ ist für $2 - x \leq 0$, also für $2 \leq x$ nicht definiert.

Definitionsbereich: $x \in \mathbb{R};\ x < 2$

$f(x) = -x^2 + 2$

$-x^2 + 2$ ist für jedes x berechenbar.

Definitionsbereich: $x \in \mathbb{R}$

Nur für die Funktion mit der Gleichung $f(x) = \sqrt{2-x}$ gibt es die Übereinstimmung mit dem vorgegebenen Definitionsbereich.

5 ☒ Prisma

Erklärung der Lösung:

Das abgebildete Körpernetz besteht aus zwei kongruenten Dreiecken (der Grund- und der Deckfläche des Körpers) und drei Rechtecken (den Seitenflächen des Körpers). Es kann sich nur um das Netz eines geraden Prismas handeln. Ein gerades Prisma hat als Grund- und Deckfläche stets zwei kongruente Vielecke (n-Ecke). Die Mantelfläche setzt sich aus n Seitenflächen, die Rechtecke sind, zusammen.

6 ☒ $\frac{1}{10}$

Erklärung der Lösung:

Baumdiagramm zum Sachverhalt:

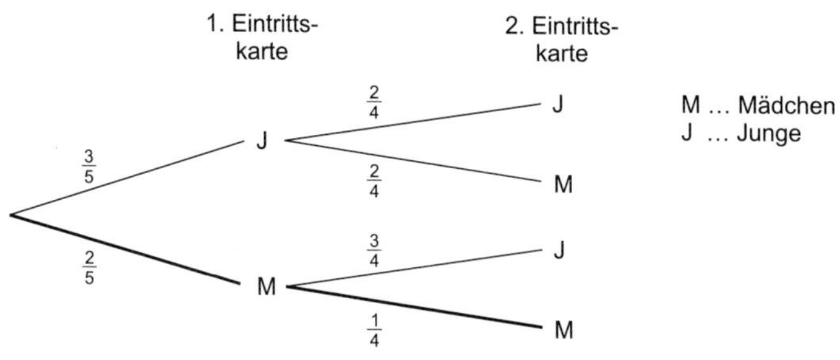

Die gesuchte Wahrscheinlichkeit kann mithilfe der Pfadregel berechnet werden:

$$P(MM) = \frac{\not{2}^{1}}{5} \cdot \frac{1}{\not{4}_{2}} = \frac{1}{10}$$

7 Das Volumen eines Würfels kann durch Anwenden der Formel $V = a^3$, wobei a die Kantenlänge des Würfels ist, berechnet werden.
Würfel W_1 muss deshalb eine Kantenlänge von 3 cm haben:

$$V_1 = (a_1)^3$$

$$27\text{ cm}^3 = (a_1)^3 \quad \left|\sqrt[3]{}\right. \text{ und Seitentausch}$$

$$a_1 = 3\text{ cm}$$

Würfel W_2 hat eine um 1 cm längere Kantenlänge:
$a_2 = 3\text{ cm} + 1\text{ cm} = 4\text{ cm}$

Das Volumen des Würfels W_2 beträgt:

$$V_2 = (a_2)^3$$

$$\underline{\underline{V_2}} = (4\text{ cm})^3 \underline{\underline{= 64\text{ cm}^3}}$$

8

$$A_O = 2 \cdot \pi \cdot r \cdot (r + h) \quad |:(2 \cdot \pi \cdot r)$$

$$\frac{A_O}{2 \cdot \pi \cdot r} = r + h \quad |-r \text{ und Seitentausch}$$

$$\underline{\underline{h = \frac{A_O}{2 \cdot \pi \cdot r} - r}}$$

9.1 $\underline{\underline{S(4|0)}}$

$$\underline{\underline{h\colon\ y = h(x) = -\frac{3}{4} \cdot x + 3}}$$

Erklärung der Lösung:
Die Graphen der Funktionen g und h schneiden sich auf der x-Achse an der Stelle $x = 4$.
Die Gerade h schneidet sowohl die x-Achse im Punkt $S(4|0)$ als auch die y-Achse im Punkt $P(0|3)$. Sie kann durch den Graphen einer linearen Funktion $y = h(x) = m \cdot x + n$ beschrieben werden.

Der Achsenabschnitt n ist durch $P(0|3)$ mit $n = 3$ festgelegt. Den Anstieg m kann man über den Differenzenquotienten ermitteln:

$$m = \frac{h(x_S) - h(x_P)}{x_S - x_P} = \frac{0 - 3}{4 - 0} = -\frac{3}{4}$$

Zeitsparender ist es, den Anstieg m aus der Zeichnung mithilfe eines Anstiegsdreiecks zu entnehmen (siehe Abbildung).

$$m = \frac{\Delta y}{\Delta x} = \frac{-3}{4}$$

Eingesetzt ergibt sich die gesuchte Funktionsgleichung:

$$y = h(x) = -\frac{3}{4} \cdot x + 3$$

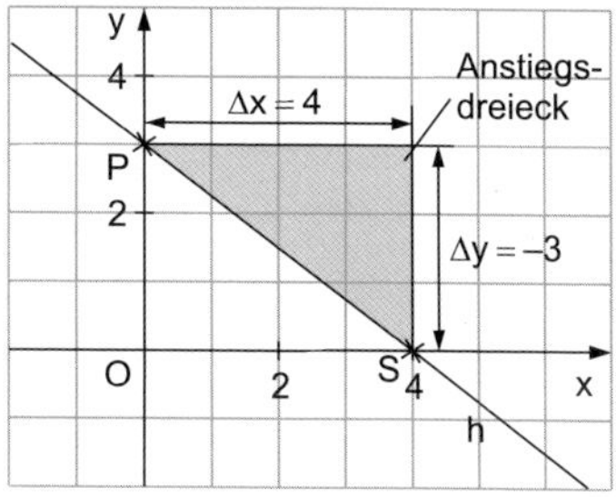

9.2 Laut Definition ist jedes Trapez ein ebenes Viereck mit einem Paar paralleler Seiten.
Durch die Graphen der zwei gegebenen Funktionen $y = f(x) = \frac{3}{4} \cdot x + 3$ und $y = g(x) = \frac{3}{4} \cdot x - 3$ wird die Lage von zwei sich gegenüberliegenden Seiten des Vierecks bestimmt. Da die Anstiege der Graphen f und g mit $m = \frac{3}{4}$ übereinstimmen, müssen die sich gegenüberliegenden Seiten des Vierecks parallel sein.

9.3 Das Viereck kann zum Beispiel in zwei kongruente Dreiecke zerlegt werden, deren gemeinsame Grundseite g 8 Einheiten lang und die zugehörige Höhe h 3 Einheiten lang ist.

g … Grundseite des Dreiecks
h … zugehörige Höhe

$$A_{\text{Viereck}} = 2 \cdot A_{\text{Dreieck}}$$

$$= \cancel{2}^{1} \cdot \frac{g \cdot h}{\cancel{2}_{1}}$$

$$\underline{\underline{A_{\text{Viereck}}}} = 8 \cdot 3 = \underline{\underline{24}}$$

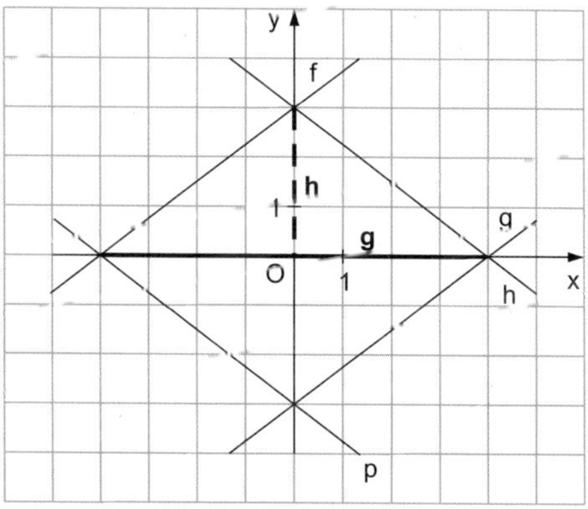

Hinweis: Den Flächeninhalt des Vierecks kann man auch durch andere Ansätze berechnen. Man wendet die Flächeninhaltsformel des Rhombus an oder zerlegt das Viereck in vier kongruente rechtwinklige Dreiecke.

Lösungen zu Teil B

1.1 Extrempunkt: $\underline{\underline{T(8 \mid -9)}}$

Nullstellen: $\underline{\underline{x_{N_1} = 2;\ x_{N_2} = 14}}$

Wertebereich: $\underline{\underline{y \in \mathbb{R};\ y \geq -9}}$

Erklärung der Lösung:
Nach der Eingabe der Funktionsgleichung $y = f(x) = 0{,}25 \cdot x^2 - 4 \cdot x + 7$ in das GRAPH-Menü des GTR und der Beachtung eines geeignet eingestellten Intervalls (V-Window) für die Veranschaulichung des Graphen der Funktion kann man sich die Koordinaten des Extrempunktes und die Nullstellen angeben lassen.
Der Extrempunkt ist ein Tiefpunkt, seine Ordinate $y_T = -9$ bestimmt den kleinstmöglichen Funktionswert der vorliegenden Funktion.

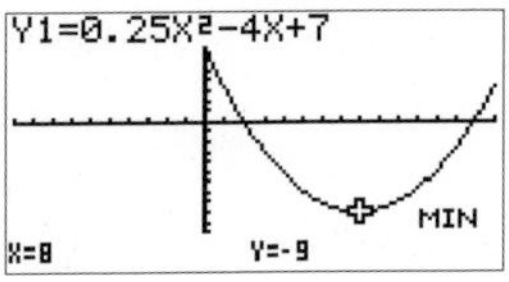

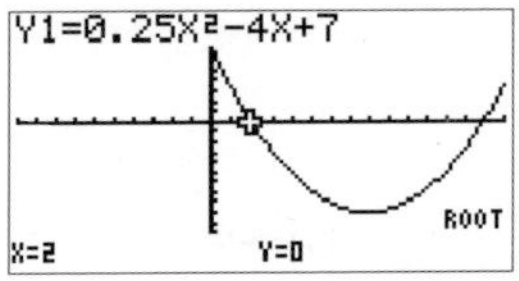

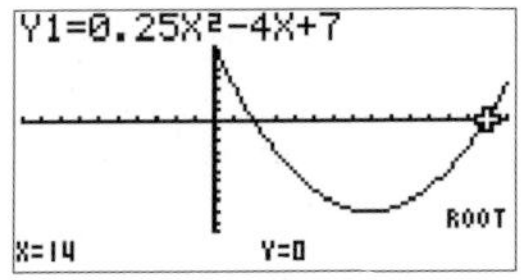

1.2 Liegt der Punkt P(6 | −8) auf dem Graphen der Funktion f, müssen seine Koordinaten die Funktionsgleichung erfüllen:

$$f(6) = -8 = \frac{1}{4} \cdot 6^2 - 4 \cdot 6 + 7$$

$$-8 = \frac{1}{\cancel{4}_1} \cdot \cancel{36}^9 - 24 + 7$$

$$\underline{-8 = -8 \quad \text{w. A.}}$$

Ergebnis: Der Punkt P(6 | −8) liegt auf dem Graphen der Funktion f.

Begründung für einen zweiten Punkt mit f(x) = −8:
Der Graph der vorliegenden quadratischen Funktion f ist eine Parabel. Eine ihrer Eigenschaften ist es, dass sie achsensymmetrisch zu einer Geraden g ist, die durch den Extrempunkt parallel zur y-Achse verläuft (g: x = 8). Aus diesem Grund findet man durch Spiegelung des Punktes P an der Geraden x = 8 den Punkt P', wobei P und P' in der y-Koordinate übereinstimmen. Für die x-Koordinate des zweiten Punktes gilt:

$$\underline{\underline{x = 10}}$$

$$f(6) = f(10)$$

$$f(8-2) = f(8+2)$$

Hinweis: Der zweite mögliche Punkt kann mithilfe des GTR überprüft werden.

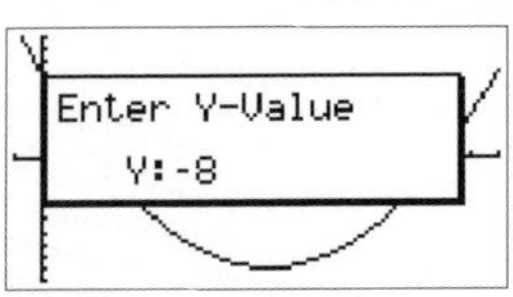

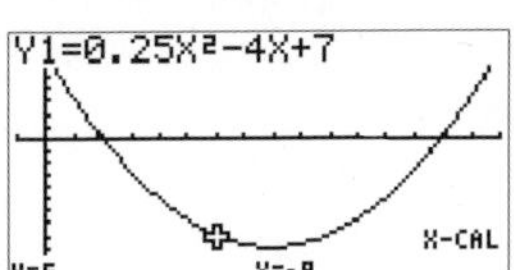

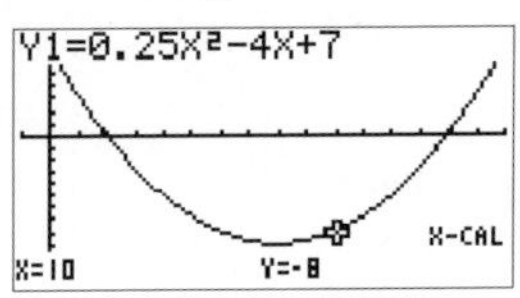

1.3 Die Koordinaten des Punktes P sind bekannt. Die Koordinaten des Schnittpunktes S des Graphen der Funktion f mit der y-Achse erhält man über den Ansatz $x=0$ entweder durch Einsetzen in die Funktionsgleichung oder mithilfe des GTR.

$$f(0)=\frac{1}{4}\cdot 0-4\cdot 0+7$$

$$f(0)=7$$

$$S(0\,|\,7)$$

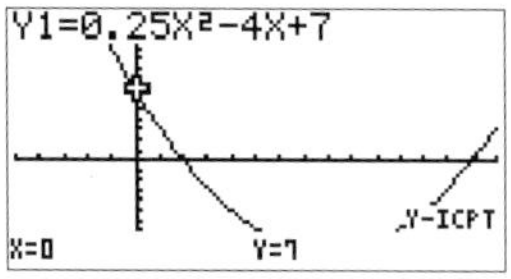

Mithilfe von $P(6\,|\,-8)$ und $S(0\,|\,7)$ kann die Funktionsgleichung einer linearen Funktion $h(x)=m\cdot x+n$ ermittelt werden. Mit dem Punkt $S(0\,|\,7)$ ergibt sich der Achsenabschnitt $n=7$:

$$7=m\cdot 0+n$$

Die Koordinaten des Punktes P müssen die Gleichung $h(x)=m\cdot x+n$ erfüllen. Damit kann der Anstieg m berechnet werden:

$$P(6\,|\,-8)$$
$$P(6\,|\,f(6))=P(6\,|\,h(6))$$

$$-8=m\cdot 6+7 \qquad |-7$$

$$-15=m\cdot 6 \qquad |:6 \text{ und Seitentausch}$$

$$m=-\frac{\cancel{15}^{\,5}}{\cancel{6}_{\,2}}=-\frac{5}{2}$$

Ergebnis: Die Funktionsgleichung der linearen Funktion h ist:

$$\underline{\underline{y=h(x)=-\frac{5}{2}\cdot x+7=-2{,}5\cdot x+7}}$$

2.1 Baumdiagramm zum Sachverhalt:

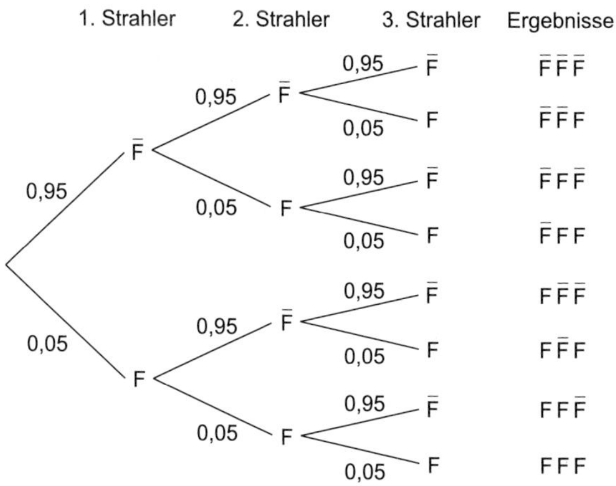

$\overline{F}$ ... fehlerfreier Halogenstrahler
F ... fehlerhafter Halogenstrahler

Die Zufallsgröße X beschreibt die Anzahl der fehlerfreien Halogenstrahler. Zur Bestimmung der gesuchten Wahrscheinlichkeiten werden die Pfadregeln angewandt.

Für die Wahrscheinlichkeit des Ereignisses A werden die Wahrscheinlichkeiten entlang des Pfades $\overline{F}-\overline{F}-\overline{F}$ multipliziert:

$$\underline{\underline{P(A)}} = P(X=3) = 0{,}95 \cdot 0{,}95 \cdot 0{,}95 = 0{,}95^3 \underline{\underline{\approx 0{,}857}}$$

Wenn es höchstens einen fehlerhaften Halogenstrahler gibt, sind folgende Ergebnisse möglich:

$\overline{F}\,\overline{F}\,\overline{F}$ (alle Halogenstrahler sind fehlerfrei, siehe Ereignis A)
$\overline{F}\,\overline{F}F$, $\overline{F}F\overline{F}$, $F\overline{F}\,\overline{F}$ (genau einer der Halogenstrahler ist fehlerhaft)

Die Wahrscheinlichkeit des Ereignisses B setzt sich aus vier Pfadwahrscheinlichkeiten zusammen. Drei Pfadwahrscheinlichkeiten weisen identische Faktoren auf.

$$P(B) = P(X \geq 2) = P(X=3) + P(X=2)$$

$$= \underbrace{0{,}95^3}_{\text{ein Pfad}} + \underbrace{3}_{\text{drei Pfade}} \cdot \underbrace{0{,}95 \cdot 0{,}95}_{\text{zwei Halogenstrahler sind fehlerfrei}} \cdot \underbrace{0{,}05}_{\text{ein Halogenstrahler ist fehlerhaft}}$$

$$\underline{\underline{P(B) \approx 0{,}993}}$$

2.2 Beim senkrechten Schnitt durch den Kegel und seine Spitze ist als Figur ein gleichschenkliges Dreieck zu erkennen. Seine Grundseite entspricht dem Durchmesser d des Grundflächenkreises. Die zugehörige Höhe ist mit h = 2,85 m gegeben. Außerdem ist der Winkel zwischen den beiden Schenkeln des Dreiecks mit $\gamma = 38{,}0°$ gegeben.
Das gleichschenklige Dreieck kann in zwei rechtwinklige Dreiecke zerlegt werden. Zur Berechnung von $r = \frac{d}{2}$ wird eine trigonometrische Beziehung angewandt.

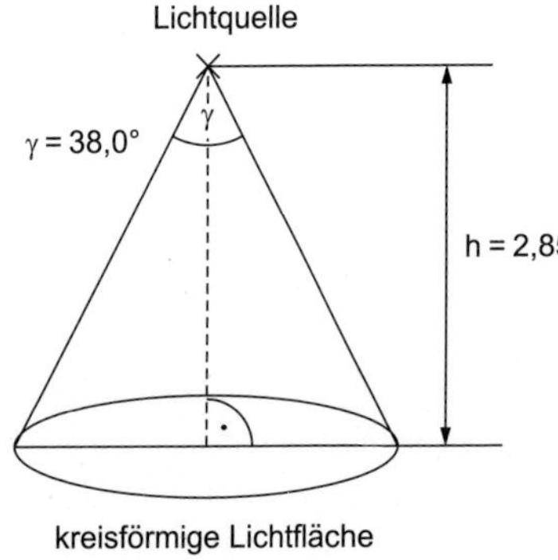

Abbildung (nicht maßstäblich)

$$\tan\frac{\gamma}{2}=\frac{r}{h} \qquad |\cdot h \text{ und Seitentausch}$$

$$r = h\cdot\tan\frac{\gamma}{2}$$

$$r = 2{,}85\text{ m}\cdot\tan 19{,}0°$$

$$r \approx 0{,}981\text{ m}$$

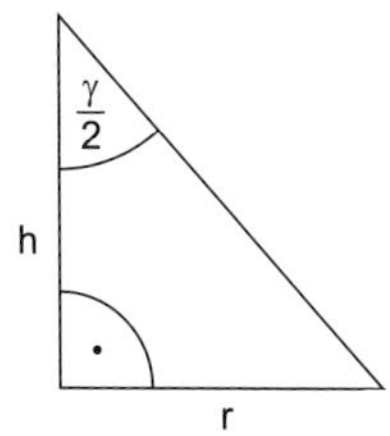

Abbildung (nicht maßstäblich)

$$d = 2r$$

$$\underline{\underline{d \approx 1{,}96\text{ m}}}$$

Ergebnis: Der Durchmesser der Lichtfläche beträgt rund 1,96 m.

3.1.1 137,1 m von 146,6 m sind:

$$\frac{137{,}1\text{ m}}{146{,}6\text{ m}} \approx 0{,}935 \approx 93{,}5\ \%$$

Ergebnis: Die Höhe der Pyramide ist heute um rund 100 % – 93,5 % = 6,5 % geringer als bei ihrer Fertigstellung.

3.1.2 Die Seitenflächen der geraden quadratischen Pyramide sind vier kongruente gleichschenklige Dreiecke. Ihre Grundseite ist a = 230,3 m. Die zugehörige Höhe h_a kann über den Satz des Pythagoras berechnet werden. Dazu betrachte man das in der Zeichnung hervorgehobene rechtwinklige Dreieck, dessen beide Kathetenlängen mit h = 146,6 m und $\frac{a}{2}=\frac{230{,}3\text{ m}}{2}=115{,}15\text{ m}$ gegeben sind.

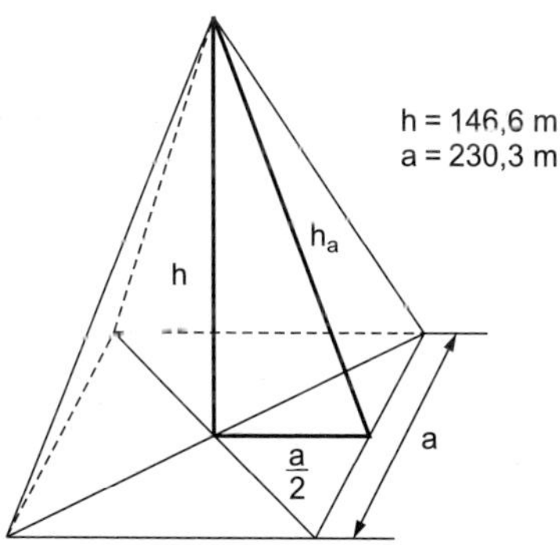

Abbildung (nicht maßstäblich)

$$h_a^2=\left(\frac{a}{2}\right)^2+h^2 \qquad |\sqrt{\ };\ h_a>0$$

$$h_a=\sqrt{\left(\frac{a}{2}\right)^2+h^2}$$

$$h_a=\sqrt{(115{,}15\text{ m})^2+(146{,}6\text{ m})^2}$$

$$h_a \approx 186{,}4\text{ m}$$

Den Flächeninhalt eines gleichschenkligen Dreiecks berechnet man unter Verwendung der Formel:

$$A_S = \frac{1}{2} \cdot \underset{\substack{\uparrow \\ \text{Grundseite} \\ \text{des Dreiecks}}}{a} \cdot \underset{\substack{\uparrow \\ \text{zugehörige} \\ \text{Höhe}}}{h_a}$$

Die mit Sandsteinplatten belegte Fläche ergibt sich aus dem vierfachen Flächeninhalt eines Dreiecks.

$$A = \not{4}_2 \cdot \frac{a \cdot h_a}{\not{2}_1}$$

$$A = 2 \cdot 230{,}3\text{ m} \cdot \sqrt{(115{,}15\text{ m})^2 + (146{,}6\text{ m})^2}$$

$$\underline{\underline{A \approx 85\,860\text{ m}^2}}$$

Ergebnis: Die mit Sandsteinplatten belegte Fläche ist rund 85 860 m² groß.

3.2 Den Sachverhalt kann man mithilfe des Vierecks SABC darstellen. Folgende Größen sind bekannt:

$\overline{AB} = 500\text{ m}$

$\overline{AS} = 540\text{ m}$

$\overline{BC} = 450\text{ m}$

$\overline{CS} = 960\text{ m}$

$\sphericalangle ASC = 71°$

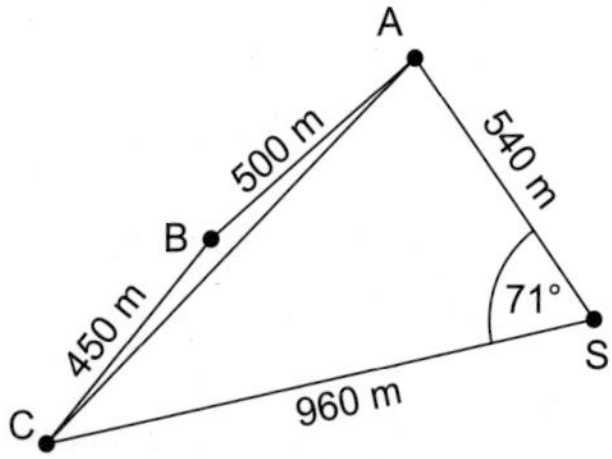

Abbildung (nicht maßstäblich)

Unter Anwendung des Kosinussatzes auf das Dreieck SAC kann die Länge von $\overline{AC}$ berechnet werden.

$$\overline{AC}^2 = \overline{AS}^2 + \overline{CS}^2 - 2 \cdot \overline{AS} \cdot \overline{CS} \cdot \cos \sphericalangle ASC \qquad |\sqrt{\;};\ \overline{AC} > 0$$

$$\overline{AC} = \sqrt{\overline{AS}^2 + \overline{CS}^2 - 2 \cdot \overline{AS} \cdot \overline{CS} \cdot \cos \sphericalangle ASC}$$

$$\overline{AC} = \sqrt{(540\text{ m})^2 + (960\text{ m})^2 - 2 \cdot 540\text{ m} \cdot 960\text{ m} \cdot \cos 71°}$$

$$\underline{\underline{\overline{AC} \approx 936\text{ m}}}$$

Ergebnis: Die Entfernung $\overline{AC}$ beträgt rund 936 m.

Die Mittelpunkte der Grundflächen der Pyramiden Cheops (A), Chephren (B) und Mykerinos (C) können nicht auf einer Geraden liegen, da die Streckenlänge von $\overline{AC}$ kürzer ist als die Summe der Längen der Strecken $\overline{BC}$ und $\overline{AB}$:

$$\left.\begin{aligned} \overline{AC} &\approx 936\text{ m} \\ \overline{BC} + \overline{AB} &= 950\text{ m} \end{aligned}\right\} \quad 936\text{ m} \neq 950\text{ m}$$

3.3 $A(t) = 920 \cdot \left(\frac{1}{2}\right)^{\frac{t}{5\,730}}$ $\qquad t \in \mathbb{R}^+$

t … Zeit in Jahren
A(t) … Anzahl der Zerfälle zur Zeit t

3.3.1 $\underline{\underline{A(5\,730) = 460}}$

Erklärung der Lösung:
Es ist die Anzahl der Zerfälle bei einem 5 730 Jahre alten Fund gesucht. Die Zeitangabe stimmt mit der gegebenen Halbwertszeit überein.
Da die Halbwertszeit angibt, nach wie vielen Jahren sich die Anzahl der Zerfälle halbiert hat, muss die Hälfte der Ausgangszerfälle vorliegen.
Es gilt also $920 : 2 = 460$.

Die Lösung kann auch durch Einsetzen in die gegebene Gleichung gefunden werden:

$$A(5\,730) - 920 \left(\frac{1}{2}\right)^{\frac{5\,730}{5\,730}} - 460$$

Die Ermittlung der Anzahl der Zerfälle nach 10 000 Jahren kann mithilfe der gegebenen Gleichung rechnerisch oder grafisch erfolgen.

Berechnung:

$$A(10\,000) = 920 \cdot \left(\frac{1}{2}\right)^{\frac{10\,000}{5\,730}} \approx \underline{\underline{274}}$$

Grafische Lösung unter Verwendung des GRAPH-Menüs des GTR:

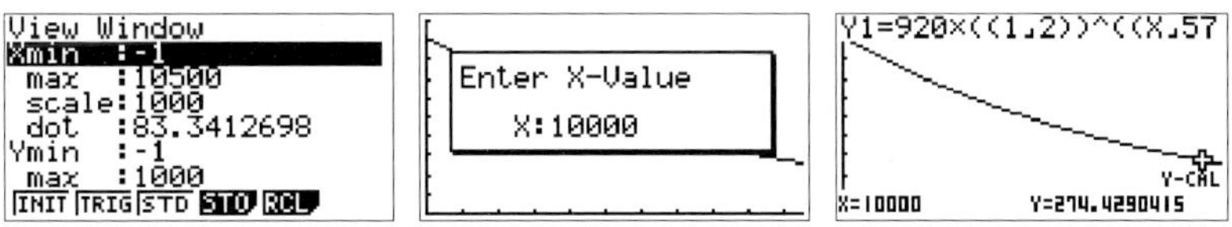

Ergebnis: Nach 10 000 Jahren erfolgen etwa 274 Zerfälle.

3.3.2 25 % bedeuten $\frac{1}{4}$ von $920 = 230$

Die Mumie zeigt also 230 Zerfälle nach einer unbekannten Zeit t an. Mithilfe der gegebenen Funktionsgleichung kann die Zeit t rechnerisch oder über eine grafische Lösung mithilfe des GTR ermittelt werden.

Rechnerisch:

$$230 = 920 \cdot \left(\frac{1}{2}\right)^{\frac{t}{5\,730}} \qquad |:920$$

$$0{,}25 = \left(\frac{1}{2}\right)^{\frac{t}{5\,730}} \qquad |\text{ Anwendung der Definition}$$

$$\log_{\frac{1}{2}} 0{,}25 = \frac{t}{5\,730} \qquad |\cdot 5\,730 \text{ und Seitentausch}$$

$$t = 5\,730 \cdot \log_{\frac{1}{2}} 0{,}25$$

$$t = 5\,730 \cdot 2$$

$$\underline{\underline{t = 11\,460}}$$

Grafisch:
Nach Eingabe der Funktionsgleichung $f(x) = 920 \cdot \left(\frac{1}{2}\right)^{\frac{x}{5\,730}}$ in das GRAPH-Menü des GTR beachtet man eine geeignete V-Window-Einstellung, um sich den Funktionsgraphen anzeigen zu lassen. Mithilfe des Befehls „x-cal“ kann die gesuchte Zeit ermittelt werden.

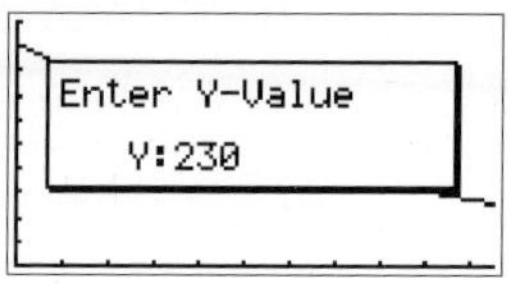

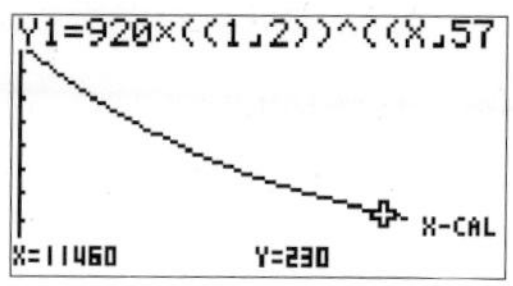

Ergebnis: Die Mumie ist 11 460 Jahre alt.

Besondere Leistungsfeststellung Mathematik Sachsen 2016

Teil A

(ohne Nutzung von Tabellen- und Formelsammlung sowie Taschenrechner)

In den Aufgaben 1 bis 6 ist von den jeweils fünf Auswahlmöglichkeiten genau eine Antwort richtig. Kreuzen Sie das jeweilige Feld an.

1 Die Kantenlängen eines Quaders betragen 10 cm, 20 cm und 50 cm. Welches Volumen besitzt dieser Quader? (1 BE)

☐	☐	☐	☐	☐
$1\ dm^3$	$10\ dm^3$	$100\ dm^3$	$1\,000\ dm^3$	$10\,000\ dm^3$

2 Gegeben ist das lineare Gleichungssystem: $\left| \begin{matrix} 2 \cdot x + y = 3 \\ x - 3 \cdot y = 5 \end{matrix} \right|$

Welche der angegebenen Mengen ist die Lösungsmenge dieses Gleichungssystems? (1 BE)

☐	☐	☐	☐	☐
$L = \{(1 \mid 1)\}$	$L = \{(1 \mid -2)\}$	$L = \{(1 \mid 2)\}$	$L = \{(2 \mid -1)\}$	$L = \{(2 \mid 1)\}$

3 Der Term $\sqrt{a^3}$ mit $a \in \mathbb{R}$, $a \geq 0$ lässt sich auch in folgender Form schreiben: (1 BE)

☐	☐	☐	☐	☐
$a^{\frac{1}{3}}$	$a^{\frac{1}{2}}$	$a^{\frac{2}{3}}$	$a^{\frac{3}{2}}$	a^3

4 Welche der angegebenen Funktionen hat genau zwei Nullstellen? (1 BE)

☐	☐	☐	☐	☐
$y = x^2 + 4$ $(x \in \mathbb{R})$	$y = x^2 - 4$ $(x \in \mathbb{R})$	$y = -x^2 - 4$ $(x \in \mathbb{R})$	$y = \frac{1}{x^2}$ $(x \in \mathbb{R}, x \neq 0)$	$y = -\frac{1}{x^2}$ $(x \in \mathbb{R}, x \neq 0)$

5 Welche der angegebenen Funktionen hat den Wertebereich $W = \{y \mid y \in \mathbb{R}; -2 \le y \le 2\}$? (1 BE)

- ☐ $y = \sin(x) \quad (x \in \mathbb{R})$
- ☐ $y = 4 \cdot \sin(x) \quad (x \in \mathbb{R})$
- ☐ $y = \sin(2 \cdot x) \quad (x \in \mathbb{R})$
- ☐ $y = 2 \cdot \sin(x) + 2 \quad (x \in \mathbb{R})$
- ☐ $y = 2 \cdot \sin(x) \quad (x \in \mathbb{R})$

6 Beim einmaligen Werfen einer verbogenen Münze fällt „Zahl“ mit der Wahrscheinlichkeit $\frac{1}{3}$ und „Wappen“ mit der Wahrscheinlichkeit $\frac{2}{3}$. Diese Münze wird genau zweimal geworfen.
Wie groß ist die Wahrscheinlichkeit dafür, dass dabei zweimal „Wappen“ geworfen wird? (1 BE)

☐	☐	☐	☐	☐
$\frac{1}{9}$	$\frac{2}{9}$	$\frac{4}{9}$	$\frac{5}{9}$	$\frac{7}{9}$

7 Mithilfe der Gleichung $T_F = \frac{9}{5} \cdot T_C + 32$ kann die Temperatur aus der Einheit Grad Celsius (°C) in die Einheit Grad Fahrenheit (°F) umgewandelt werden.

Dabei gilt: T_C … Temperatur in °C
T_F … Temperatur in °F

7.1 Eine Temperatur beträgt 30 °C.
Ermitteln Sie diese Temperatur in °F. (2 BE)

7.2 Stellen Sie die Gleichung $T_F = \frac{9}{5} \cdot T_C + 32$ nach T_C um. (2 BE)

8 Gegeben sind der Kreis k mit dem Mittelpunkt $M(0|0)$ und dem Radius $r=5$ (siehe Abbildung) sowie die Punkte $A(-5|0)$, $B(5|0)$ und $P(-4|3)$.

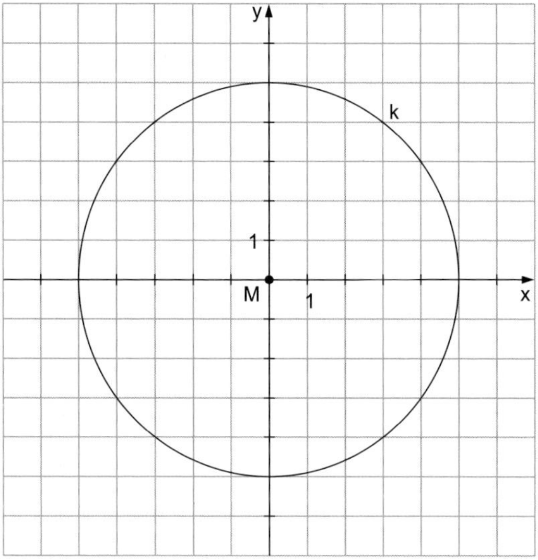

8.1 Durch die Punkte M und P verläuft der Graph der linearen Funktion f. Zeichnen Sie den Graphen von f in die Abbildung ein. Geben Sie eine Gleichung der Funktion f an.

______________________________ (2 BE)

8.2 Zeigen Sie rechnerisch, dass der Punkt P auf dem Kreis k liegt. (2 BE)

8.3 Geben Sie die Größe des Winkels APB an.

______________________________ (1 BE)

Teil B

1 Gegeben sind die Funktionen f und g durch
$y = f(x) = 3^x \ (x \in \mathbb{R})$ und $y = g(x) = 3^{x+1} \ (x \in \mathbb{R})$.

1.1 Geben Sie den Wertebereich der Funktion f an.
Geben Sie die Koordinaten des Schnittpunkts des Graphen von f mit der y-Achse an. (3 BE)

1.2 Der Punkt $A\left(x_A \,\middle|\, \frac{1}{81}\right)$ liegt auf dem Graphen von g.
Ermitteln Sie die Koordinate x_A. (2 BE)

1.3 Der Graph von f schneidet die y-Achse im Punkt P, der Graph von g schneidet die y-Achse im Punkt Q.
Die Punkte P, B(2 | 0) und Q bilden ein Dreieck.
Bestimmen Sie den Flächeninhalt des Dreiecks PBQ. (3 BE)

2 In Radebeul findet jährlich der „Sächsische Mount Everest Treppenmarathon" statt.

2.1 Die Siegerzeiten der männlichen Teilnehmer in der Startklasse „Alleingang" sind für die Jahre 2011 bis 2015 in folgender Tabelle dargestellt:

Jahr	2011	2012	2013	2014	2015
Zeit in h	14,94	13,79	14,77	13,45	13,77

Berechnen Sie das arithmetische Mittel der Siegerzeiten der Jahre 2011 bis 2015. (2 BE)

2.2 In der Startklasse „Dreierseilschaft" starten drei Teilnehmer als Mannschaft.
Geben Sie die Anzahl aller möglichen Reihenfolgen an, in der die drei Teilnehmer einer Dreierseilschaft starten können. (1 BE)

2.3 Der Treppenlauf hat verschiedene Abschnitte.
Die geradlinige Laufstrecke im Abschnitt „Spitzhaustreppe" besitzt einen konstanten Anstieg. Auf einer Karte im Maßstab 1 : 10 000 ist dieser Abschnitt 1,9 cm lang. Der Höhenunterschied zwischen Anfang und Ende dieses Abschnitts beträgt 73,4 m.
Berechnen Sie die Länge der geradlinigen Laufstrecke im Abschnitt „Spitzhaustreppe". (3 BE)

3 Windkraftanlagen haben bei der Erzeugung von Elektroenergie große Bedeutung.

3.1 Der Turm einer Windkraftanlage hat die Form eines Kreiszylinders. Der Turm ist 72,20 m hoch und besitzt einen Durchmesser von 3,70 m. Die Mantelfläche des Turms soll einen neuen Schutzanstrich erhalten. Für diesen Schutzanstrich werden pro Quadratmeter 0,5 Liter Farbe benötigt. Berechnen Sie, wie viele Liter Farbe für den Schutzanstrich benötigt werden. (3 BE)

3.2 In der Nähe einer Autobahn befindet sich im Punkt W eine Windkraftanlage (siehe Abbildung).
Gesetzliche Regelungen schreiben für Windkraftanlagen einen Mindestabstand von 100 m zum Fahrbahnrand an Autobahnen vor.
Zur Überprüfung dieses Mindestabstands werden am Fahrbahnrand der Autobahn die Strecke $\overline{S_1S_2}$ abgesteckt und die Winkel $\sphericalangle WS_1S_2$ sowie $\sphericalangle S_1S_2W$ gemessen. Die Messwerte betragen:

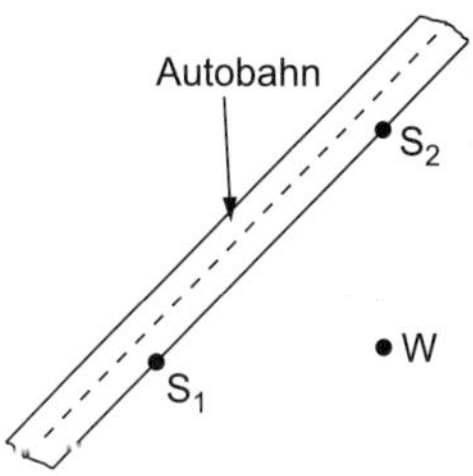

Abbildung (nicht maßstäblich)

$\overline{S_1S_2} = 350\text{ m}$; $\sphericalangle WS_1S_2 = 32°$; $\sphericalangle S_1S_2W = 39°$

Weisen Sie rechnerisch nach, dass gilt: $\overline{S_1W} = 233\text{ m}$
Zeigen Sie rechnerisch, dass der gesetzlich vorgegebene Mindestabstand eingehalten wurde. (5 BE)

3.3 Die von einer Windkraftanlage abgegebene elektrische Leistung wurde über 12 Stunden hinweg gemessen und kann durch die Funktion P mit $P(t) = -11 \cdot t^2 + 160 \cdot t + 765 \ (t \in \mathbb{R}, 0 \leq t \leq 12)$ beschrieben werden.

Dabei gilt: t … Zeit nach Beginn der Messung in Stunden
P(t) … elektrische Leistung zur Zeit t in Kilowatt

3.3.1 Bestimmen Sie, zu welcher Zeit t die Windkraftanlage eine elektrische Leistung von genau 1 000 Kilowatt abgab. (2 BE)

3.3.2 Ermitteln Sie die größte elektrische Leistung, die von der Windkraftanlage abgegeben wurde. (2 BE)

3.3.3 Für eine bestimmte Zeit t_1 im Intervall $0 \leq t_1 \leq 10$ gilt:
Die von der Windkraftanlage abgegebene elektrische Leistung steigt ab der Zeit t_1 in den darauffolgenden 2 Stunden um genau 100 Kilowatt.
Bestimmen Sie die Zeit t_1. (2 BE)

3.4 Messungen an einer Windkraftanlage ergaben, dass diese Windkraftanlage während 18,4 % ihrer Gesamtbetriebszeit abgeschaltet werden musste.

Die Gründe für das Abschalten dieser Windkraftanlage sind in folgender Tabelle angegeben:

Grund für die Abschaltung	Anteil in Prozent
zu starker Wind	14,0
zu schwacher Wind	47,0
sonstige Gründe	39,0

Ermitteln Sie, während wie viel Prozent ihrer Gesamtbetriebszeit die Windkraftanlage wegen zu schwachen Windes abgeschaltet werden musste. (2 BE)

Lösungstipps zu Teil B

Teilaufgabe 1.1

- Lassen Sie sich im GRAPH-Menü des GTR den Graphen der Funktion anzeigen.
- Wählen Sie eine geeignete V-Window-Einstellung.
- Mithilfe des Graphen der Funktion und seines Monotonieverhaltens lässt sich auf den Wertebereich schließen.
- Ermitteln Sie über den Befehl „Y-ICPT" den Schnittpunkt mit der y-Achse.

Teilaufgabe 1.2

- Liegt der Punkt $A\left(x_A \mid \frac{1}{81}\right)$ auf dem Graphen der Funktion g, müssen seine Koordinaten die Funktionsgleichung erfüllen.
- Durch Einsetzen der y-Koordinate des Punktes A in die Funktionsgleichung kann die x-Koordinate x_A ermittelt werden.
- Dies ist mithilfe des Befehls „x-cal" im GRAPH-Menü des GTR möglich.

Teilaufgabe 1.3

- Zeichnen Sie sich den Sachverhalt.
- Bestimmen Sie die Koordinaten des Punktes Q. Das kann in gleicher Weise wie die Koordinatenbestimmung für den Punkt P, wie für Teilaufgabe 1.1 beschrieben, erfolgen.
- Zur Berechnung des Flächeninhaltes für das Dreieck PBQ können Sie $\overline{PQ}$ als Grundseite und $\overline{OB}$ als zugehörige Höhe wählen.
- Die Zeichnung verdeutlicht, wie lang die Strecken sind.
- Berechnen Sie den Flächeninhalt nach der bekannten Formel für das Dreieck.

Teilaufgabe 2.1

- Addieren Sie die fünf gegebenen Zeitwerte (in h). Teilen Sie die Summe durch die Anzahl – hier fünf – der Ergebnisse.

Teilaufgabe 2.2

- Bestimmen Sie die Anzahl der möglichen Reihenfolgen für drei anzuordnende Elemente (Dreierseilschaft).
- Überlegen Sie, wie viele Möglichkeiten es zur Besetzung des Startläufers gibt.
- Überlegen Sie, wie viele Möglichkeiten es für die Auswahl des zweiten Läufers noch gibt, wenn der Startläufer feststeht.
- Der dritte, d. h. letzte, Läufer bleibt nun übrig.
- Die Anzahl aller möglichen Reihenfolgen ist das Produkt der Anzahl der jeweiligen Auswahlmöglichkeiten.

Teilaufgabe 2.3

- Die geradlinige Laufstrecke wird auf der Karte im Maßstab 1 : 10 000 als ebene Strecke projiziert.
- Überlegen Sie, wie lang diese Strecke in Wirklichkeit wäre.
- Der eine Endpunkt dieser Strecke entspricht dem Startpunkt der geradlinigen Laufstrecke.
- Den anderen Endpunkt würde man gedanklich auf 73,4 m Höhe anheben, um zum Zielpunkt zu gelangen.
- Zeichnen Sie den Sachverhalt.
- Markieren Sie den rechten Winkel im entstandenen Dreieck.
- Wenden Sie den Satz des Pythagoras an.

Teilaufgabe 3.1

- Die Grundfläche des betrachteten Körpers ist ein Kreis.
- Sein Umfang kann mithilfe des gegebenen Durchmessers über die bekannte Formel berechnet werden.
- Berechnen Sie die Mantelfläche in der Einheit Quadratmeter.
- Beachten Sie nun den Zusammenhang zwischen zu streichender Flächengröße und Farbbedarf.
- Für 1 m^2 werden $0{,}5\,\ell = \frac{1}{2}\,\ell$ Farbe benötigt.
- Berechnen Sie damit die benötigte Farbmenge.

Teilaufgabe 3.2

- Zeichnen Sie das Dreieck S_1WS_2 mit den gegebenen Größen $\overline{S_1S_2}$, $\sphericalangle WS_1S_2$ und $\sphericalangle S_1S_2W$ im Maßstab 1 : 10 000 (1 cm in der Zeichnung sind 10 000 cm = 100 m im Original). So können Sie alle Ihre Ergebnisse kontrollieren.
- In dem allgemeinen Dreieck S_1WS_2 sind somit zwei Winkel und eine Seite gegeben.
- Berechnen Sie die Größe des dritten Innenwinkels.
- Nutzen Sie dafür den Satz über die Innenwinkelsumme im Dreieck.
- Berechnen Sie $\overline{S_1W}$ mithilfe des Sinussatzes.
- Vergleichen Sie Ihr Rechenergebnis mit der Vorgabe.
- Tragen Sie im Dreieck S_1WS_2 die Höhe h_W ein.
- Sie veranschaulicht den Mindestabstand der Windkraftanlage zum Fahrbahnrand.
- Die Höhe h_W zerlegt das Dreieck S_1WS_2 in zwei rechtwinklige Dreiecke. Bezeichnen Sie den Fußpunkt der Höhe mit D.
- Im rechtwinkligen Dreieck S_1WD sind die Länge von $\overline{S_1W}$ und die Winkelgröße von $\sphericalangle WS_1S_2 = \sphericalangle WS_1D$ bekannt.
- Wenden Sie zur Berechnung von $h_W = \overline{DW}$ eine trigonometrische Beziehung an.

- Nutzen Sie den Zusammenhang zwischen dem Sinus eines Winkels, seiner Gegenkathete und der Hypotenuse im rechtwinkligen Dreieck.
- Vergleichen Sie Ihre berechnete Abstandsstreckenlänge mit der Größe des vorgegebenen Mindestabstandes.

Teilaufgabe 3.3.1

- Es ist ein Wert für die Zeit t gesucht, dem die Leistung von 1 000 kW zugeordnet werden kann.
- Setzen Sie den gegebenen Wert für die Leistung in die gegebene Gleichung ein und ermitteln Sie die zugehörige Zeit.
- Sie können das GRAPH-Menü des GTR, aber auch das EQUA-Menü nutzen.

Teilaufgabe 3.3.2

- Bestimmen Sie zur Ermittlung der größten elektrischen Leistung in der grafischen Darstellung der Funktion P(t) den maximalen Funktionswert.

Teilaufgabe 3.3.3

- Für ein Zeitintervall von zwei Stunden ist die Anfangszeit t_1 gesucht, sodass im Verlauf dieser zwei Stunden die elektrische Leistung dieser Anlage um 100 Kilowatt ansteigt.
- Die Differenz zwischen den Leistungen zum Zeitpunkt t_2 mit $t_2 = t_1 + 2$ h und zum Zeitpunkt t_1 muss 100 Kilowatt betragen.
- Stellen Sie diese Differenz unter Nutzung der Funktionsgleichung P(t) auf.
- Lösen Sie diese mithilfe des GTR.

Teilaufgabe 3.4

- Die Windkraftanlage wird in 18,4 % ihrer Gesamtbetriebszeit abgeschaltet.
- Das könnten zum Beispiel 184 Stunden von 1 000 Stunden Betriebszeit sein.
- Ein Grund zur Abschaltung ist schwacher Wind.
- Sein Anteil ist mit $47\,\% = \frac{47}{100}$ gegeben.
- Berechnen Sie diesen Anteil von den 184 Stunden.

1 ☒ $10\ \text{dm}^3$

Erklärung der Lösung:
Die Kantenlängen des gegebenen Quaders sind 10 cm = 1 dm, 20 cm = 2 dm und 50 cm = 5 dm lang.
Das Volumen des Quaders berechnet man mithilfe des Produktes der Kantenlängen:

$V = 1\ \text{dm} \cdot 2\ \text{dm} \cdot 5\ \text{dm} = 10\ \text{dm}^3$

2 ☒ $L = \{(2 \mid -1)\}$

Erklärung der Lösung:

1. Möglichkeit:
Das lineare Gleichungssystem kann mithilfe eines geeigneten Verfahrens (Einsetzungs-, Gleichsetzungs- oder Additionsverfahren) gelöst werden.

Anwendung des Additionsverfahrens zur Bestimmung der Variablen x:

$$\begin{array}{lrl} \text{(I)} & 2 \cdot x + y = 3 & \mid \cdot 3 \quad \downarrow + \\ \text{(II)} & x - 3 \cdot y = 5 & \\ \hline & 7 \cdot x = 14 & \mid :7 \\ & x = 2 & \end{array}$$

Setzt man x = 2 in die erste Ausgangsgleichung ein, kann man durch Umstellung die Variable y ermitteln:

$$\begin{aligned} 2 \cdot 2 + y &= 3 \quad \mid -4 \\ y &= -1 \end{aligned}$$

Ergebnis: $L = \{(2 \mid -1)\}$

2. Möglichkeit:
Die gegebenen Lösungsmengen werden nacheinander in die erste gegebene Gleichung eingesetzt. Nur für die Lösungsmengen $L = \{(1 \mid 1)\}$ und $L = \{(2 \mid -1)\}$ erhält man wahre Aussagen. Nach dem Einsetzen in die zweite Gleichung des linearen Gleichungssystems stellt man fast, dass nur die Lösungsmenge $L = \{(2 \mid -1)\}$ auch die zweite Gleichung erfüllt.
Da $L = \{(2 \mid -1)\}$ nach dem Einsetzen in die erste und in die zweite Gleichung zu wahren Aussagen führt, ist sie die gesuchte Lösungsmenge.

$2 \cdot 2 - 1 = 3$ w. A. $\qquad 2 - 3 \cdot (-1) = 5$ w. A.

3 ☒ $a^{\frac{3}{2}}$

Erklärung der Lösung:
Nach Definition und Anwendung eines Potenzgesetzes gilt für $a \in \mathbb{R}$, $a \geq 0$:

$\sqrt{a^3} = \sqrt[2]{a^3} = (a^3)^{\frac{1}{2}} = a^{3 \cdot \frac{1}{2}} = a^{\frac{3}{2}}$

4 [X] $y = x^2 - 4$

Erklärung der Lösung:

1. Möglichkeit:

Die möglichen Nullstellen könnten, wie am Beispiel der ausgewählten Funktion gezeigt, berechnet werden.

Geht man nacheinander vor, findet man bei der zweiten gegebenen Funktion die richtige Lösung.

Hier werden zur Information alle gegebenen Funktionen betrachtet.

$y = x^2 - 4 \; (x \in \mathbb{R})$

$0 = x_N^2 - 4 \qquad | +4$ und Seitentausch

$x_N^2 = 4 \qquad | \sqrt{\ }$

$|x_N| = 2$

$\Rightarrow \; x_{N_1} = 2$ und $x_{N_2} = -2$

Berechnungsgleichung	Umformung	Lösung	Begründung
$0 = x^2 + 4$	$x^2 = -4$	keine	Das Quadrat einer Zahl kann keine negative Zahl sein.
$0 = -x^2 - 4$	$x^2 = -4$	keine	Das Quadrat einer Zahl kann keine negative Zahl sein.
$0 = \frac{1}{x^2}$	$0 \cdot x^2 = 1$	keine	Der Term $0 \cdot x^2$ ist für alle x gleich null. Damit ergibt sich für die Gleichung $0 \cdot x^2 = 1$ die falsche Aussage $0 = 1$.
$0 = -\frac{1}{x^2}$	$0 \cdot x^2 = -1$	keine	Der Term $0 \cdot x^2$ ist für alle x gleich null. Damit ergibt sich für die Gleichung $0 \cdot x^2 = -1$ die falsche Aussage $0 = -1$.

2. Möglichkeit:

Durch Überlegung über den Verlauf des Graphen der jeweils gegebenen Funktion kommt man zum selben Ergebnis:

$y = x^2 + 4 \; (x \in \mathbb{R})$

Der Graph der gegebenen quadratischen Funktion ist eine nach oben geöffnete Normalparabel, da der Koeffizient mit **1** gegeben ist ($\mathbf{1} \cdot x^2$).

Die positive Zahl 4 gibt die Verschiebung in y-Richtung an. Der Graph der Funktion schneidet in keiner Weise die x-Achse, somit kann es keine Nullstellen geben.

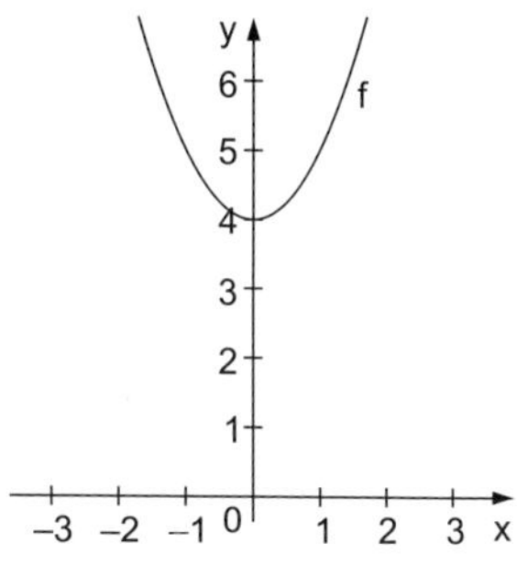

$y = x^2 - 4 \ (x \in \mathbb{R})$

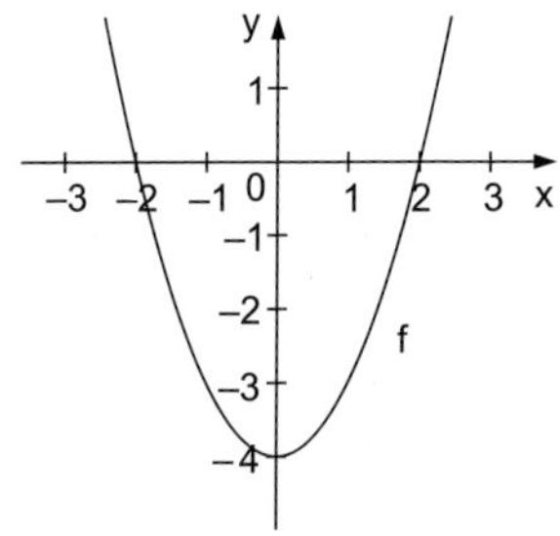

Dieser Funktionsterm unterscheidet sich durch die negative Zahl −4 vom vorherigen. Die nach oben geöffnete Normalparabel wurde deshalb um vier Einheiten entgegen der y-Richtung verschoben.
Der Graph der Funktion schneidet an zwei Stellen die x-Achse, es muss deshalb zwei Nullstellen geben.

Da stets nur eine Antwortmöglichkeit richtig ist, ist mit dieser Überlegung schon die richtige Lösung gefunden.
Die weiteren Ausführungen dienen einer vollständigen Information.

$y = -x^2 - 4 \ (x \in \mathbb{R})$

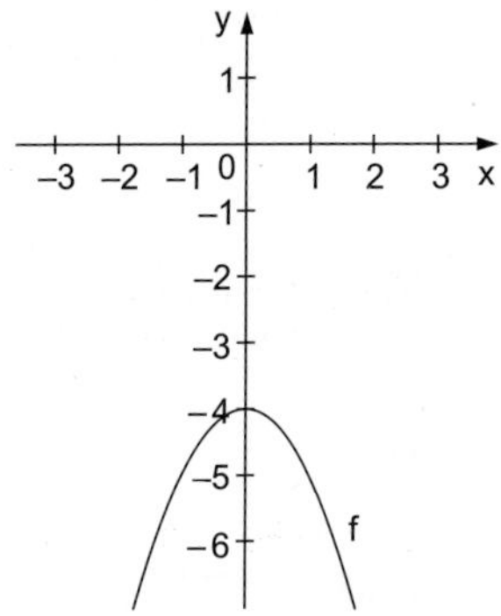

Der Koeffizient ist hier negativ ($\mathbf{-1} \cdot x^2$). Das bedeutet, dass die Normalparabel an der x-Achse gespiegelt wurde.
Die nach unten geöffnete Normalparabel wurde außerdem um vier Einheiten (−4) entgegen der y-Richtung verschoben.
Es kann keine Schnittstellen mit der x-Achse geben.

$y = \frac{1}{x^2} \ (x \in \mathbb{R};\ x \neq 0)$

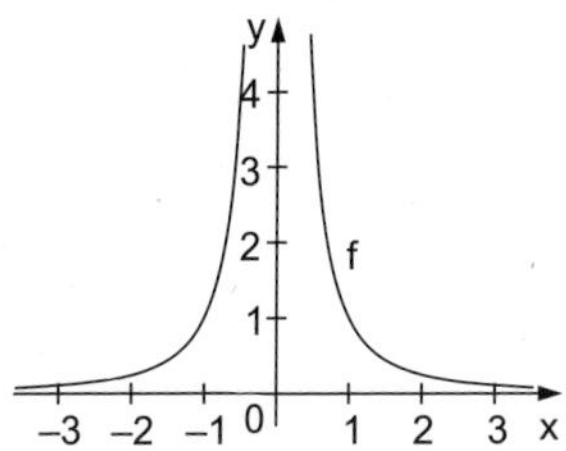

Der Graph der gegebenen Potenzfunktion setzt sich aus zwei Hyperbelästen, die im I. bzw. II. Quadranten des Koordinatensystems liegen, zusammen.
Sowohl die y-Achse als auch die x-Achse sind die Asymptoten des Graphen der Funktion. Es kann keine Nullstellen geben.

$y = -\frac{1}{x^2} \ (x \in \mathbb{R};\ x \neq 0)$

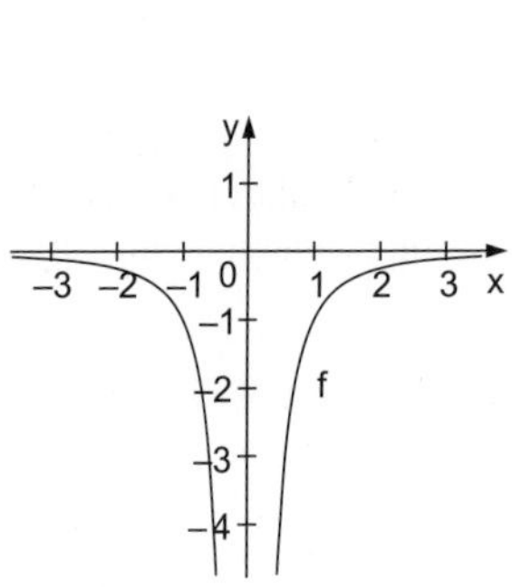

Wird der Graph der Funktion $y = \frac{1}{x^2}$ ($x \in \mathbb{R}$; $x \neq 0$) an der x-Achse gespiegelt, erhält man den Graphen der Funktion mit der Gleichung $y = -\frac{1}{x^2}$ ($x \in \mathbb{R}$; $x \neq 0$). Die x- und die y-Achse bleiben die Asymptoten des nun gespiegelten Funktionsgraphen. Es kann keine Nullstellen geben.

5 ☒ $y = 2 \cdot \sin(x) \ (x \in \mathbb{R})$

Erklärung der Lösung:

Der Verlauf des Graphen der einfachen Sinusfunktion, die die Gleichung $y = \sin(x) \ (x \in \mathbb{R})$ hat, kann durch die Parameter a, b und c wie folgt verändert werden:

$$y = f(x) = a \cdot \sin(b \cdot x) + c$$

a	sin(b · x)	c
↓	↓	↓
$(a \in \mathbb{R}, a \neq 0)$	$(b \in \mathbb{R}, b \neq 0)$	$(c \in \mathbb{R})$
Streckung ($\lvert a \rvert > 1$) bzw. Stauchung ($\lvert a \rvert < 1$) in y-Richtung. $a < 0$: Spiegelung an der x-Achse	Veränderung der kleinsten Periode. Es gilt: kleinste Periode $= \frac{2\pi}{b}$	Verschiebung in y-Richtung für $c > 0$ und entgegen der y-Richtung für $c < 0$.
Der Wertebereich wird durch a beeinflusst.	Der Wertebereich wird dadurch nicht beeinflusst.	Der Wertebereich wird durch c beeinflusst.

$$c - \lvert a \rvert \leq f(x) \leq c + \lvert a \rvert$$

Mit dem vorgegebenen Wertebereich $(y \in \mathbb{R}; -2 \leq y \leq 2)$ und der Gültigkeit von $c - \lvert a \rvert \leq y \leq c + \lvert a \rvert$ folgen die Bedingungen $-2 = c - \lvert a \rvert$ und $2 = c + \lvert a \rvert$.

Funktionsterm	Parameter		Untersuchung		Schlussfolgerung
	a	c	$-2 = c - \lvert a \rvert$	$2 = c + \lvert a \rvert$	
$\sin(x)$	1	0	$-2 = 0 - \lvert 1 \rvert$ $-2 = -1$	$2 = 0 + \lvert 1 \rvert$ $2 = 1$	beide Aussagen sind **falsch**
$4 \cdot \sin(x)$	4	0	$-2 = 0 - \lvert 4 \rvert$ $-2 = -4$	$2 = 0 + \lvert 4 \rvert$ $2 = 4$	beide Aussagen sind **falsch**
$\sin(2 \cdot x)$	1	0	$-2 = 0 - \lvert 1 \rvert$ $-2 = -1$	$2 = 0 + \lvert 1 \rvert$ $2 = 1$	beide Aussagen sind **falsch**
$2 \cdot \sin(x) + 2$	2	2	$-2 = 2 - \lvert 2 \rvert$ $-2 = 0$	$2 = 2 + \lvert 2 \rvert$ $2 = 4$	beide Aussagen sind **falsch**
$2 \cdot \sin(x)$	2	0	$-2 = 0 - \lvert 2 \rvert$ $-2 = -2$	$2 = 0 + \lvert 2 \rvert$ $2 = 2$	beide Aussagen sind **wahr**

Die Funktion mit der Gleichung $y = 2 \cdot \sin(x) \ (x \in \mathbb{R})$ erfüllt die Bedingungen und hat somit den vorgegebenen Wertebereich.

6 ☒ $\frac{4}{9}$

Erklärung der Lösung:
Baumdiagramm:

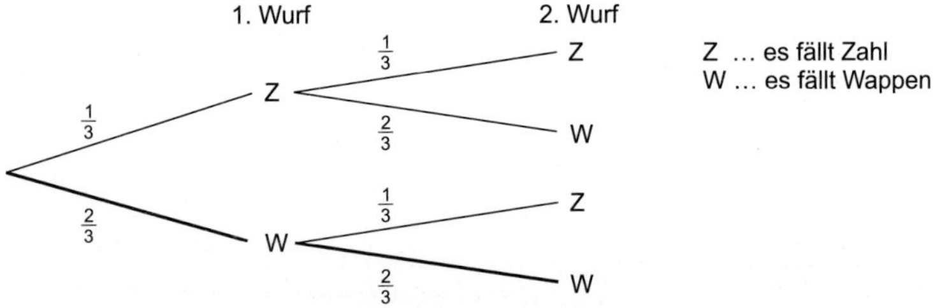

Für die Berechnung der Wahrscheinlichkeit „Es wird zweimal Wappen geworfen“ wird die Pfadmultiplikationsregel angewandt:

$$P(WW) = \frac{2}{3} \cdot \frac{2}{3} = \frac{4}{9}$$

7.1 $T_F = \frac{9}{\not{5}_1} \cdot \not{30}^6 + 32$

$T_F = 54 + 32 = 86$

Die Temperatur beträgt $\underline{\underline{86° \text{ F}}}$.

7.2

$$T_F = \frac{9}{5} \cdot T_C + 32 \quad |-32$$

$$T_F - 32 = \frac{9}{5} \cdot T_C \quad |\cdot \frac{5}{9}$$

$$\frac{5}{9} \cdot (T_F - 32) = T_C \quad |\text{Seitentausch}$$

$$\underline{\underline{T_C = \frac{5}{9} \cdot (T_F - 32)}}$$

8.1 $\underline{\underline{f:\ y = f(x) = -\frac{3}{4} \cdot x}}$

Erklärung der Lösung:
Der Graph der linearen Funktion verläuft durch den Koordinatenursprung.
Die allgemeine Form der Funktion lautet: $y = f(x) = m \cdot x$

Der Anstieg m kann mithilfe des Anstiegsdreiecks aus der Darstellung ermittelt oder über den Differenzenquotienten mithilfe der Punkte P und M berechnet werden.

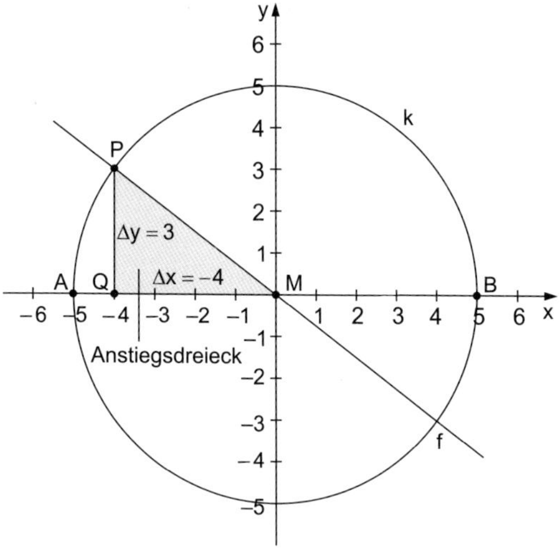

Anstiegsdreieck:

$$m = \frac{\Delta y}{\Delta x} = \frac{3}{-4} \quad \begin{array}{l} \rightarrow \ 3 \text{ Einheiten in y-Richtung} \\ \rightarrow \ 4 \text{ Einheiten entgegen der x-Richtung} \end{array}$$

Differenzenquotient:

$$m = \frac{\Delta y}{\Delta x} = \frac{f(x_P) - f(x_M)}{x_P - x_M} = \frac{y_P - y_M}{x_P - x_M}$$

$P(-4 \mid 3)$; $\quad M(0 \mid 0)$

$x_P = -4 \quad x_M = 0$

$y_P = 3 \quad y_M = 0$

$$m = \frac{3-0}{-4-0} = \frac{3}{-4} = -\frac{3}{4}$$

8.2 Liegt der Punkt P auf dem Kreis k, entspricht die Länge der Strecke $\overline{MP}$ dem Radius und muss 5 betragen.
$\overline{MP}$ ist die Hypotenuse im eingezeichneten rechtwinkligen Dreieck MPQ. Es kann der Satz des Pythagoras angewendet werden, da die Kathetenlängen durch die Koordinaten des Punktes P festgelegt sind.

$\overline{MQ} = |x_P| = 4$

$\overline{PQ} = y_P = 3$

$$\overline{MP}^2 = \overline{MQ}^2 + \overline{PQ}^2$$

$$\overline{MP}^2 = 4^2 + 3^2$$

$$\overline{MP}^2 = 16 + 9$$

$$\overline{MP}^2 = 25 \qquad |\sqrt{\ } \quad (\overline{MP} > 0)$$

$$\overline{MP} = 5$$

Damit ist gezeigt, dass der Punkt P auf dem Kreis k liegt.

8.3 $\underline{\underline{\sphericalangle APB = 90^\circ}}$

Erklärung der Lösung:
Der Winkel APB ist ein Peripheriewinkel über dem Durchmesser $\overline{AB}$ des Kreises k. Nach dem Satz des Thales muss er 90° betragen.

Lösungen zu Teil B

1.1 Wertebereich: $y \in \mathbb{R};\ y > 0$
Schnittpunkt mit der y-Achse: $P(0\,|\,1)$

Erklärung der Lösung:

1. Möglichkeit:
Die gegebene Funktion ist eine Exponentialfunktion. Ihre wichtigsten Eigenschaften findet man im Tafelwerk. Nach der Definition ist für eine positive Basis $(a = 3)$ jede Potenz größer als null:

$$3^x > 0$$

$$f(x) > 0$$

$$y > 0$$

Darüber hinaus ist bekannt, dass der Graph einer Funktion die y-Achse bei $x = 0$ schneidet. Durch Einsetzen in die Funktionsgleichung kann der zugehörige y-Wert ermittelt werden.

$$y = f(0) = 3^0 = 1$$

2. Möglichkeit:
Es kann auch mit dem GRAPH-Menü des GTR gearbeitet werden. Bei geeigneter Fenstereinstellung (V-Window) lassen sich die Eigenschaften der Funktion und ihres Graphen gut ablesen.

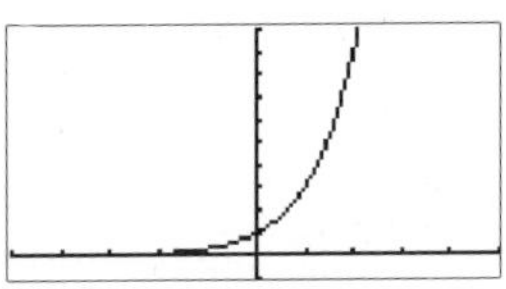

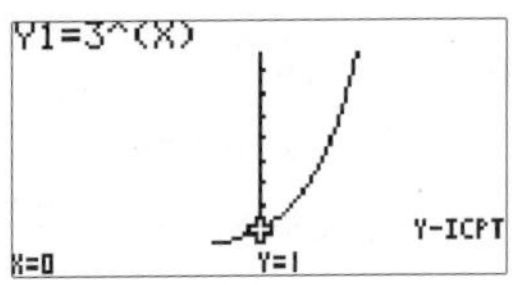

Die Darstellung zeigt, dass der Funktionsgraph oberhalb der x-Achse liegt (die x-Achse ist die Asymptote des Graphen der Funktion) und im gesamten Definitionsbereich monoton wachsend verläuft.
Ist mithilfe des gewählten Intervalls auf dem Bildschirm der Schnittpunkt des Graphen der Funktion mit der y-Achse zu erkennen, können seine Koordinaten über den Befehl „Y-ICPT" ermittelt werden.

1.2 *1. Möglichkeit:*
Nach der Eingabe der Funktionsgleichung

$y = g(x) = 3^{x+1} \quad (x \in \mathbb{R})$

in das GRAPH-Menü des GTR kann das zum gegebenen Funktionswert $y_A = \frac{1}{81}$ zugehörige Argument x_A über den Befehl „x-cal" ermittelt werden.

Ergebnis: $\underline{\underline{x_A = -5}}$

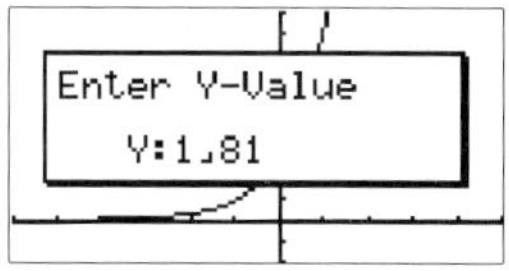

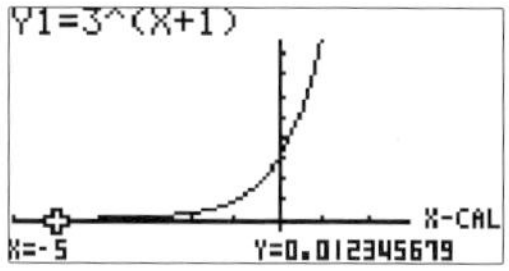

2. Möglichkeit:
Erfüllen die Koordinaten x_A und $y_A = g(x_A) = \frac{1}{81}$ des Punktes A die Funktionsgleichung $g(x) = 3^{x+1}$, liegt der Punkt A auf dem Graphen der Funktion g. Durch Einsetzen der y-Koordinate des Punktes A in die Funktionsgleichung kann die x-Koordinate berechnet werden.

$$g(x_A) = \frac{1}{81} = 3^{x_A+1}$$

$$\frac{1}{3^4} = 3^{x_A+1}$$

$$3^{-4} = 3^{x_A+1} \qquad |\text{Exponentenvergleich}$$

$$-4 = x_A + 1 \qquad |-1 \text{ und Seitentausch}$$

$$\underline{\underline{x_A = -5}}$$

1.3 Zeichnung des Sachverhaltes:

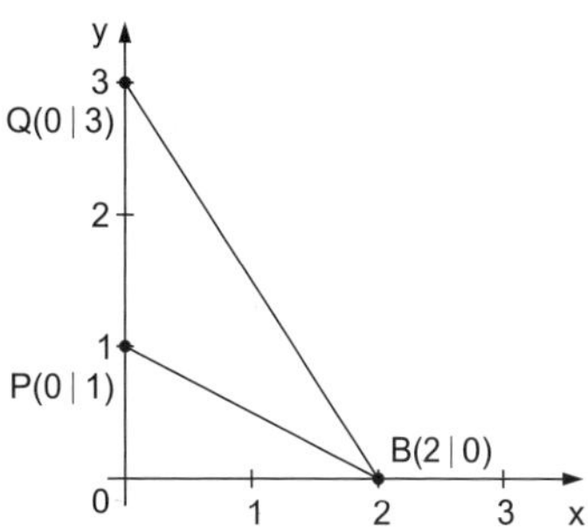

Die Koordinaten des Punktes P entnimmt man der Teilaufgabe 1.1. Analog wie für den Punkt P in Teilaufgabe 1.1 (2. Möglichkeit) dargestellt, kann man die Schnittpunktkoordinaten von Q ermitteln. Ebenso ist die rechnerische Lösung in folgender Weise möglich:
Schneidet der Graph der Funktion die y-Achse, muss an dieser Stelle das Argument 0 sein.
Mit $x_Q = 0$ folgt $y_Q = g(0) = 3^{0+1} = 3^1 = 3$ und $Q(0\,|\,3)$.

Der Flächeninhalt A des beliebigen Dreiecks PBQ kann berechnet werden mit:

$$A = \frac{1}{2} \cdot \underset{\substack{\uparrow \\ \text{eine Seite} \\ \text{des Dreiecks,} \\ \text{hier:} \\ \overline{PQ} = 3 - 1 = 2}}{g} \cdot \underset{\substack{\uparrow \\ \text{zur Seite} \\ \text{zugehörige} \\ \text{Höhe, hier:} \\ h = \overline{OB} = 2}}{h}$$

$$A = \frac{1}{\cancel{2}_1} \cdot \cancel{2}^1 \cdot 2$$

$$\underline{\underline{A = 2}}$$

Ergebnis: Der Flächeninhalt des Dreiecks PBQ beträgt 2.

Hinweis: Der Flächeninhalt A des beliebigen Dreiecks PBQ lässt sich auch aus der Differenz der Flächeninhalte der zwei rechtwinkligen Dreiecke OBQ und OBP bestimmen:

$$A_{\Delta PBQ} = A_{\Delta OBQ} - A_{\Delta OBP}$$

2.1 Berechnung des arithmetischen Mittels:

$$E = \frac{14,94\text{ h} + 13,79\text{ h} + 14,77\text{ h} + 13,45\text{ h} + 13,77\text{ h}}{5}$$

$$\underline{\underline{E = 14,144\text{ h}}}$$

Ergebnis: Das arithmetische Mittel der Siegerzeiten beträgt 14,144 h.

2.2 Bei drei Teilnehmern der Mannschaft gibt es mehrere Möglichkeiten, an welcher Stelle jeweils ein Teilnehmer startet. Für den Startläufer hat man die Auswahl aus drei Teilnehmern, also drei Möglichkeiten.
Steht der Startläufer fest, hat man zwei Möglichkeiten (noch zwei weitere Mannschaftsmitglieder) für den nachfolgenden Läufer. Es bleibt eine Möglichkeit (letzter Teilnehmer der Mannschaft) als Schlussläufer.

$$n = 3! = \underset{\substack{\uparrow \\ \text{Startläufer} \\ \text{(drei Auswahl-} \\ \text{möglichkeiten)}}}{3} \cdot \underset{\substack{\uparrow \\ \text{2. Läufer} \\ \text{(zwei Auswahl-} \\ \text{möglichkeiten)}}}{2} \cdot \underset{\substack{\uparrow \\ \text{Schlussläufer}}}{1}$$

$3! = \underline{\underline{6}}$

Ergebnis: Es gibt sechs mögliche Startreihenfolgen einer „Dreierseilschaft“.

2.3 Der Maßstab 1 : 10 000 bedeutet, dass eine 1 cm lange Strecke auf der Karte im Original (in der Wirklichkeit) 10 000 cm = 100 m beträgt.

Bildstrecke	Originalstrecke
1 cm	10 000 cm
1,9 cm	19 000 cm

($\cdot 1{,}9$ auf beiden Seiten)

Da es sich im vorgegebenen Sachverhalt nicht um eine ebene Strecke handelt, muss der Höhenunterschied bei der Streckenprojektion Beachtung finden.

Zeichnung des Sachverhalts im Querschnitt:

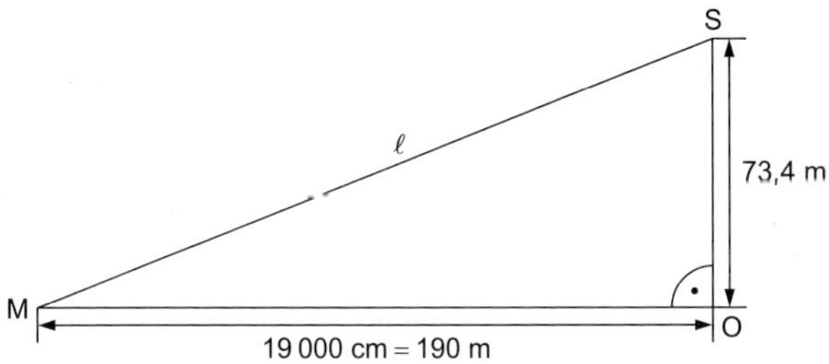

Abbildung (nicht maßstäblich)

Das Dreieck MOS ist ein rechtwinkliges. Zur Berechnung der geradlinigen Laufstrecke $\ell = \overline{MS}$ kann der Satz des Pythagoras angewendet werden:

$$\ell^2 = \overline{MS}^2 = \overline{MO}^2 + \overline{OS}^2 \quad |\sqrt{\ } \quad (\ell > 0)$$

$$\ell = \sqrt{\overline{MO}^2 + \overline{OS}^2}$$

$$\ell = \sqrt{(190\text{ m})^2 + (73{,}4\text{ m})^2}$$

$$\ell = \sqrt{41\,487{,}56\text{ m}^2}$$

$$\underline{\underline{\ell \approx 204\text{ m}}}$$

Ergebnis: Die Länge der geradlinigen Laufstrecke im Abschnitt „Spitzhaustreppe“ beträgt rund 204 m.

Hinweis: Hat man maßstabsgerecht gezeichnet, kann man das berechnete Ergebnis mithilfe der Zeichnung prüfen.

3.1 Die Mantelfläche eines Kreiszylinders berechnet man mit der Formel:

$A_M = u \cdot h$ u … Umfang des Grundkreises
h … Körperhöhe (Turmhöhe)

Mit

$u = \pi \cdot d$ d … Durchmesser der Grundfläche

folgt:

$A_M = \pi \cdot d \cdot h$

Durch Einsetzen der gegebenen Größen erhält man die Größe der zu streichenden Fläche:

$A = \pi \cdot 3{,}70\ \text{m} \cdot 72{,}20\ \text{m}$

$A = \frac{13\,357}{50} \cdot \pi \cdot \text{m}^2$

$A \approx 840\ \text{m}^2$

Da für einen Quadratmeter 0,5 ℓ Farbe benötigt werden, gilt:

Farbbedarf: $840\ \cancel{\text{m}^2}^{1} \cdot \frac{0{,}5\ \ell}{\cancel{\text{m}^2}_{1}} = \underline{\underline{420\ \ell}}$

Ergebnis: Für den Schutzanstrich werden rund 420 ℓ Farbe benötigt.

3.2 Skizze zum Sachverhalt:

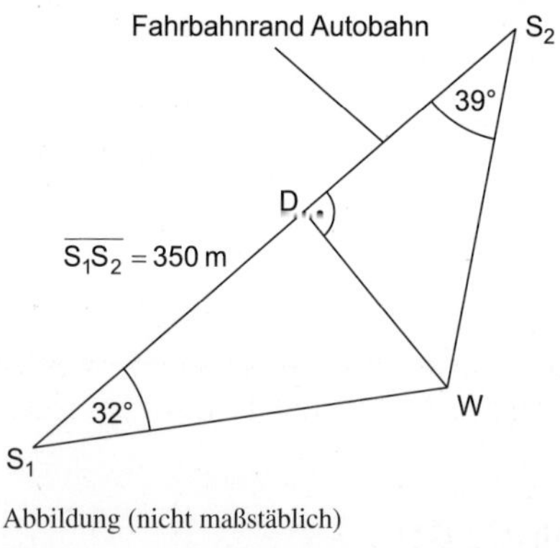

Abbildung (nicht maßstäblich)

Die Veranschaulichung des Sachverhaltes zeigt als mathematische Vereinfachung ein beliebiges Dreieck $\overline{S_1WS_2}$, für das die Winkel $\sphericalangle WS_1S_2 = 32°$, $\sphericalangle S_1S_2W = 39°$ und die Seite $\overline{S_1S_2} = 350$ m bestimmt wurden.

Rechnerischer Nachweis für $\overline{S_1W}$:
Nach dem Innenwinkelsatz für Dreiecke muss der Winkel $\sphericalangle S_2WS_1 = 180° - (32° + 39°) = 109°$ betragen.

Mithilfe des Sinussatzes kann die Länge der Strecke $\overline{S_1W}$ berechnet werden:

$$\frac{\overline{S_1W}}{\sin\sphericalangle S_1S_2W}=\frac{\overline{S_1S_2}}{\sin\sphericalangle S_2WS_1} \qquad \Big|\cdot\sin\sphericalangle S_1S_2W$$

$$\overline{S_1W}=\frac{\overline{S_1S_2}\cdot\sin\sphericalangle S_1S_2W}{\sin\sphericalangle S_2WS_1}$$

$$\overline{S_1W}=\frac{350\text{ m}\cdot\sin 39^\circ}{\sin 109^\circ}$$

$$\underline{\underline{\overline{S_1W}\approx 233\text{ m}}}$$

Es gilt die nachzuweisende Länge für die Strecke $\overline{S_1W}$ von rund 233 m.

Berechnung des Mindestabstandes:
Der Abstand zum Fahrbahnrand S_1S_2 soll mindestens 100 m betragen.
Der Abstand als kürzeste Verbindung vom Punkt W zu S_1S_2 ist das Lot vom Punkt W auf die Seite $\overline{S_1S_2}$ im Dreieck S_1WS_2 und entspricht der Strecke $\overline{DW}$ (s. Skizze). Es entsteht das rechtwinklige Dreieck S_1WD, für das die trigonometrische Beziehung

$$\sin\sphericalangle WS_1D=\frac{\overline{DW}}{\overline{S_1W}} \qquad \left(\sin\alpha=\frac{\text{Gegenkathete von }\alpha}{\text{Hypotenuse}}\right)$$

gilt.
Mit der bekannten Winkelgröße $\sphericalangle WS_1D=\sphericalangle WS_1S_2=32^\circ$ und der vorgegebenen Länge von $\overline{S_1W}=233\text{ m}$ ergibt sich:

$$\sin 32^\circ=\frac{\overline{DW}}{233\text{ m}} \qquad \Big|\cdot 233\text{ m und Seitentausch}$$

$$\overline{DW}=\sin 32^\circ\cdot 233\text{ m}$$

$$\underline{\underline{\overline{DW}\approx 123\text{ m}}}$$

Ergebnis: Aus dem Vergleich $123\text{ m}>100\text{ m}$ kann geschlussfolgert werden, dass die gesetzliche Regelung zur Vorgabe des Mindestabstandes eingehalten wurde.

3.3.1 *1. Möglichkeit:* Grafisches Lösen mit dem GTR
Nach der Eingabe der Gleichung

$P(t)=-11\cdot t^2+160\cdot t+765$

$(y=-11\cdot x^2+160\cdot x+765)$

in das GRAPH-Menü des GTR wählt man eine geeignete Fenstereinstellung (V-Window) und kann mithilfe des vorgegebenen Wertes $P(t)=y=1\,000$ über den Befehl „x-cal“ die gesuchte Zeit ermitteln.

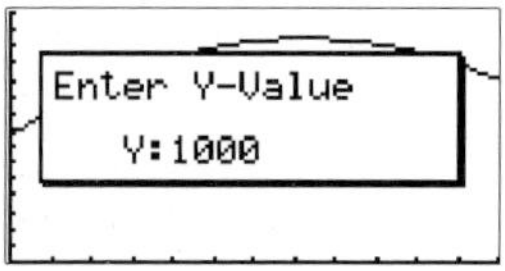

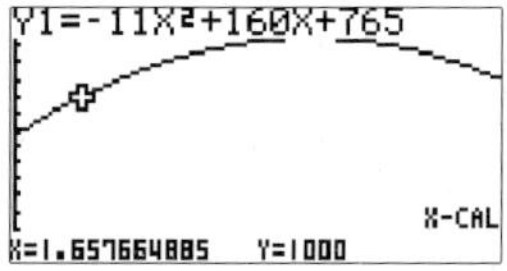

2. Möglichkeit: Rechnerisches Lösen
Der gegebene Wert wird eingesetzt. Die entsprechende quadratische Gleichung kann mithilfe des EQUA-Menüs des GTR gelöst werden.

$$1\,000 = -11 \cdot t^2 + 160 \cdot t + 765 \qquad | -1\,000$$
$$0 = -11 \cdot t^2 + 160 \cdot t - 235$$

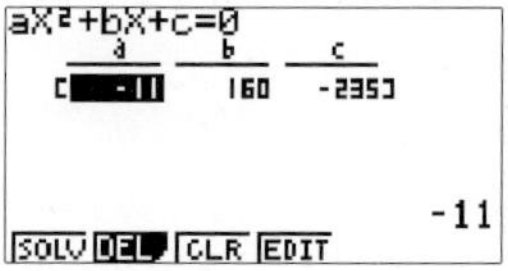

$t_1 \approx 12{,}89\ \text{h}$

Diese Lösung entfällt aufgrund des vorgegebenen Definitionsbereiches.

$\underline{\underline{t_2 \approx 1{,}66\ \text{h}}}$

Ergebnis: Rund 1,66 h nach Beginn der Messung hat die Windkraftanlage eine elektrische Leistung von 1 000 kW abgegeben.

3.3.2 Zur Ermittlung der größten elektrischen Leistung sucht man in der grafischen Darstellung der Zuordnung Zeit ↦ elektrische Leistung den maximalen Wert P(t).

Nutzung des GRAPH-Menüs des GTR:
Nach der Eingabe der Gleichung $y = -11 \cdot x^2 + 160 \cdot x + 765$ lässt man sich über den Befehl „MAX" die Koordinaten des Extrempunktes (Hochpunktes) anzeigen.

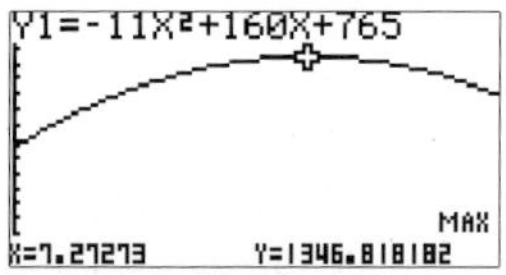

Ergebnis: Die größte elektrische Leistung, die von der Windkraftanlage abgegeben wurde, betrug rund $\underline{\underline{1\,346\ \text{kW}}}$.

Bemerkung: 1 347 kW können nicht erreicht werden, weshalb abgerundet wurde.

3.3.3 Innerhalb des Zeitintervalls von 0 bis einschließlich 10 Stunden gibt es einen Zeitraum von zwei Stunden ($\Delta t = 2$), in dem sich die abgegebene elektrische Leistung um 100 kW erhöht.
Es ist der Beginn t_1 dieses Zeitraumes gesucht.

$\Delta t = t_2 - t_1 = 2$ $\qquad$ t_2 … Ende des zweistündigen Zeitintervalls
d. h. $\quad t_2 = t_1 + 2$

Mithilfe der gegebenen Gleichung kann t_1 bestimmt werden. Dazu betrachtet man die Differenz der Leistungen zu den Zeiten t_2 und t_1, die 100 kW betragen soll.

$$P(t_2) - P(t_1) = 100$$

$$P(t_1 + 2) - P(t_1) = 100$$

$$-11(t_1 + 2)^2 + 160(t_1 + 2) + 765 - (-11 \cdot t_1 + 160 \cdot t_1 + 765) = 100$$

Nutzung des GTR:

1. Möglichkeit: GRAPH-Menü

Es wird die Gleichung

$$y = -11(x + 2)^2 + 160(x + 2) + 765 - (-11 \cdot x + 160 \cdot x + 765)$$

eingegeben und über den Befehl „x-cal" mit dem vorgegebenen y-Wert von 100 die gesuchte Zeit bestimmt.

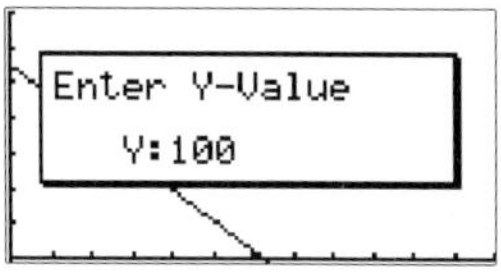

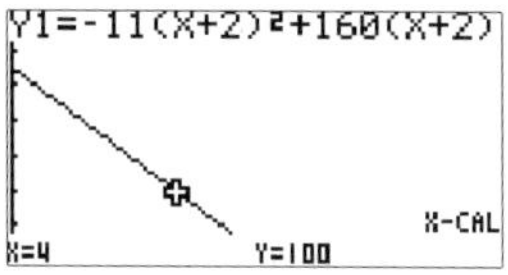

2. Möglichkeit: RUN-Menü

Es wird der „Solve"-Befehl genutzt.

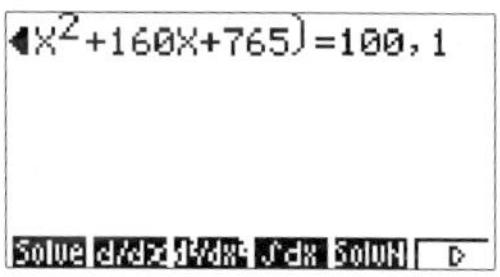

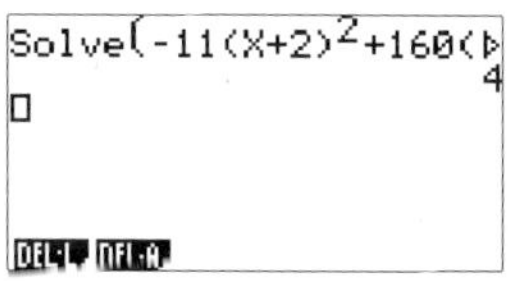

Ergebnis: Nach vier Stunden Betriebszeit steigt die von der Windkraftanlage abgegebene Leistung in den nachfolgenden zwei Stunden um 100 kW.

3.4 *1. Möglichkeit:*

Veranschaulichung des Sachverhaltes:

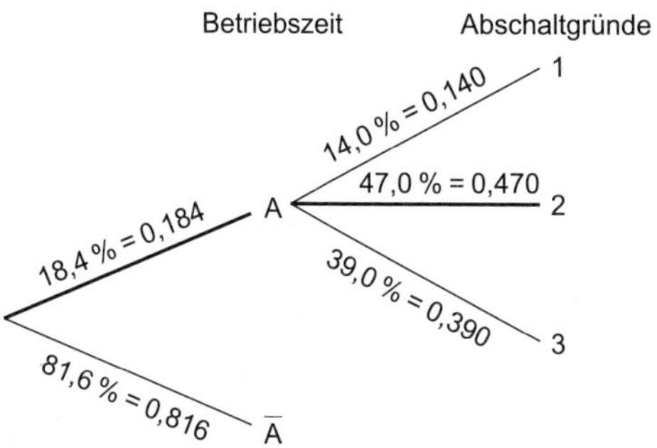

A … Anlage abgeschaltet
$\overline{A}$ … Anlage nicht abgeschaltet
1 … zu starker Wind
2 … zu schwacher Wind
3 … sonstige Gründe

18,4 % bedeuten zum Beispiel, dass die Anlage bei 1 000 Stunden Betriebszeit 184 Stunden durch Abschaltung stillstand.
Mit dem Anteil von 47,0 % ist zu schwacher Wind einer der Abschaltgründe.

In Fortführung des Beispiels bedeutet das:
$47,0\ \%$ von $184\text{ Stunden} = 0,47 \cdot 184\text{ Stunden} = 86,48\text{ Stunden}$

$$\frac{86,48\text{ Stunden}}{1\,000\text{ Stunden}} = 0,08648 = \underline{\underline{8,648\ \%}}$$

2. Möglichkeit:
Eine Windkraftanlage muss während $18,4\ \% = \frac{18,4}{100} = \frac{184}{1\,000}$ ihrer Gesamtbetriebszeit abgeschaltet werden.
Einer der drei Abschaltgründe ist mit $47,0\ \% = \frac{47,0}{100} = \frac{470}{1\,000}$ zu schwacher Wind.

Der Anteil dieses Grundes zum Abschalten während der Gesamtbetriebszeit ist:

$$\frac{184}{1\,000} \cdot \frac{470}{1\,000} = \frac{1\,081}{12\,500} = 0,08648 = \underline{\underline{8,648\ \%}}$$

Ergebnis: Etwa 8,65 % ihrer Gesamtbetriebszeit muss die Anlage wegen zu schwachen Windes abgeschaltet werden.

Besondere Leistungsfeststellung Mathematik Sachsen 2017

Teil A

(ohne Nutzung von Tabellen- und Formelsammlung sowie Taschenrechner)

In den Aufgaben 1 bis 6 ist von den jeweils fünf Auswahlmöglichkeiten genau eine Antwort richtig. Kreuzen Sie das jeweilige Feld an.

1 11 % von 2 500 € sind (1 BE)

☐	☐	☐	☐	☐
110 €	220 €	250 €	255 €	275 €

2 Welche Funktion besitzt keine Nullstelle? (1 BE)

☐	☐	☐	☐	☐
$y = -3 \cdot x + 1$	$y = -x^2 + 1$	$y = \sqrt{x} + 1$	$y = \frac{1}{x} + 1$	$y = \sin(x + 1)$
$(x \in \mathbb{R})$	$(x \in \mathbb{R})$	$(x \in \mathbb{R}, x \geq 0)$	$(x \in \mathbb{R}, x \neq 0)$	$(x \in \mathbb{R})$

3 Welche Funktion besitzt für $x \in \mathbb{R}$ die kleinste Periode π? (1 BE)

☐	☐	☐	☐	☐
$y = \pi \cdot \sin x$	$y = \sin(\pi \cdot x)$	$y = 2 \cdot \sin x$	$y = \sin(2 \cdot x)$	$y = \sin(x + \pi)$

4 Im Dreieck ABC (siehe Abbildung) gilt für den Winkel β:

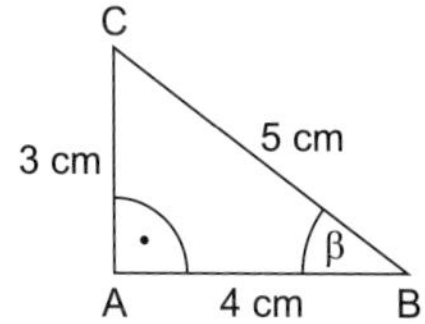

(1 BE)

☐	☐	☐	☐	☐
$\sin\beta = \frac{3}{4}$	$\sin\beta = \frac{4}{5}$	$\cos\beta = \frac{3}{5}$	$\tan\beta = \frac{3}{4}$	$\tan\beta = \frac{4}{3}$

5 Die Kugel K_1 besitzt das Volumen V_1.
Das Volumen V_2 der Kugel K_2 mit doppelt so großem Radius wie K_1 beträgt: (1 BE)

☐	☐	☐	☐	☐
$V_2 = 2 \cdot V_1$	$V_2 = 3 \cdot V_1$	$V_2 = 4 \cdot V_1$	$V_2 = 8 \cdot V_1$	$V_2 = 9 \cdot V_1$

6 Eine Person wählt aus den natürlichen Zahlen von 1 bis 25 eine Zahl zufällig aus.
Die Wahrscheinlichkeit dafür, dass diese gewählte Zahl gerade und durch 3 teilbar ist, beträgt: (1 BE)

☐	☐	☐	☐	☐
$\frac{1}{25}$	$\frac{4}{25}$	$\frac{8}{25}$	$\frac{12}{25}$	$\frac{16}{25}$

7 Gegeben ist die Funktion f mit $f(x) = 2^x - 2 \ (x \in \mathbb{R})$.

7.1 Geben Sie die Nullstelle der Funktion f an.

____

Geben Sie die Koordinaten des Schnittpunktes des Graphen von f mit der y-Achse an.

______________________________ (2 BE)

7.2 Untersuchen Sie, ob der Punkt $P\left(-2 \,\middle|\, -\tfrac{1}{4}\right)$ auf dem Graphen der Funktion f liegt. (2 BE)

7.3 Der Graph der Funktion g entsteht durch Spiegelung des Graphen von f an der y-Achse.
Geben Sie eine Gleichung der Funktion g an.

______________________________ (1 BE)

8 Die Punkte C und D liegen auf dem Halbkreis über der Strecke $\overline{AB}$ (siehe Abbildung).
Berechnen Sie die Größe des Winkels β.

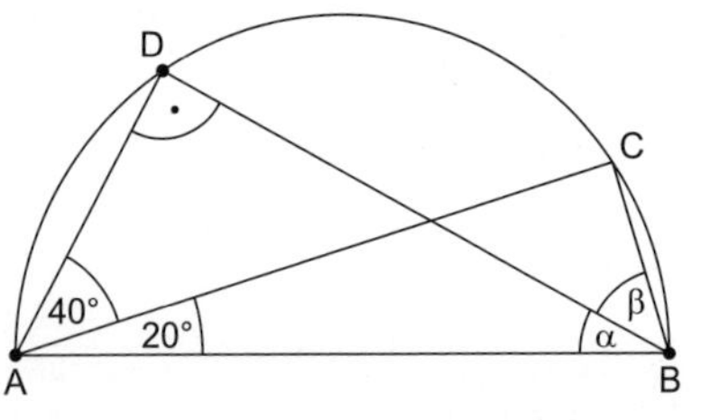

Abbildung (nicht maßstäblich) (2 BE)

9 Lösen Sie die Gleichung $-\frac{3}{2} \cdot \left(2 - \frac{4}{3} \cdot x\right) + 2 \cdot x = 7$ für $x \in \mathbb{R}$. (2 BE)

Teil B

1 Gegeben sind die Funktionen f und g mit

$y = f(x) = \frac{2}{x^2}$ $(x \in D_f)$ und $y = g(x) = -\frac{1}{2} \cdot x + \frac{3}{2}$ $(x \in \mathbb{R})$.

Die Punkte S_1 und $S_2\left(2 \mid \frac{1}{2}\right)$ sind die beiden gemeinsamen Punkte der Graphen der Funktionen f und g.

1.1 Geben Sie den größtmöglichen Definitionsbereich der Funktion f an. (1 BE)

1.2 Zeigen Sie, dass der Punkt S_1 die Koordinaten $S_1(-1 \mid 2)$ besitzt. (2 BE)

1.3 Berechnen Sie den Abstand der Punkte S_1 und S_2. (2 BE)

1.4 Der Punkt A ist der Fußpunkt des Lotes vom Punkt S_1 auf die x-Achse. Der Punkt B ist der Fußpunkt des Lotes vom Punkt S_2 auf die x-Achse.
Ermitteln Sie den Flächeninhalt des Trapezes ABS_2S_1. (2 BE)

1.5 Der Graph einer linearen Funktion h verläuft parallel zum Graphen der Funktion g.
Der Punkt $C(2 \mid 1)$ liegt auf dem Graphen von h.
Bestimmen Sie eine Gleichung dieser Funktion h. (2 BE)

2 Ein Pfeiler ist 3,60 m hoch und besitzt die Form eines geraden Prismas. Die Grundfläche dieses Prismas ist das unregelmäßige Dreieck ABC.
Für die Grundfläche gilt: $\overline{AB} = 0{,}80$ m, $\sphericalangle BAC = 48°$ und $\sphericalangle CBA = 30°$.

2.1 Zeigen Sie rechnerisch, dass die Seite $\overline{AC}$ der Grundfläche die Länge 0,41 m besitzt. (2 BE)

2.2 Der Pfeiler besteht aus Stahl. Ein Kubikmeter dieses Stahls besitzt eine Masse von 7,85 Tonnen.
Bestimmen Sie die Masse des Pfeilers. (3 BE)

3 Ein rechteckiges Handballspielfeld wird von 40,00 m und 20,00 m langen Spielfeldlinien begrenzt. Die 3,00 m langen Torlinien liegen mittig auf den kürzeren Spielfeldlinien (siehe Abbildung).
Die Breite aller Spielfeldlinien wird vernachlässigt.

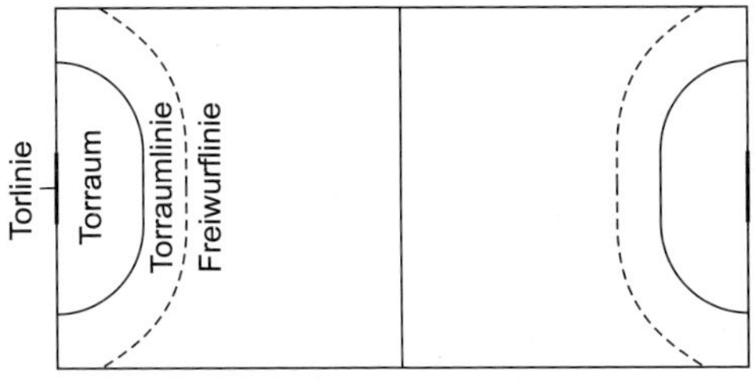

Abbildung (nicht maßstäblich)

3.1 Jeder der beiden Torräume wird von einer Torraumlinie begrenzt, die wie folgt festgelegt ist:
Um die Endpunkte der Torlinie wird jeweils ein Kreisbogen (Viertelkreis) mit einem Radius von 6,00 m gezogen, bis er auf eine Strecke trifft, die in einem Abstand von 6,00 m parallel zur Torlinie verläuft.

Berechnen Sie den prozentualen Anteil der Fläche der beiden Torräume an der Gesamtfläche des Handballspielfeldes. (4 BE)

3.2 Ein Torwart wirft einen Ball. Die Ausdehnung des Balls wird vernachlässigt. Um die Flugbahn dieses Balls zu beschreiben, wird ein Koordinatensystem (1 Längeneinheit entspricht 1 Meter) festgelegt.
Der Koordinatenursprung befindet sich im Mittelpunkt der in der Abbildung dargestellten linken Torlinie. Die Mittelpunkte beider Torlinien liegen auf der x-Achse. Die y-Achse verläuft senkrecht zum Spielfeld.
Die Flugbahn des Balls wird durch einen Teil des Graphen der Funktion f mit $y = f(x) = -0{,}01 \cdot x^2 + 0{,}30 \cdot x + 1{,}60 \quad (x \in \mathbb{R},\, x \geq 2)$ beschrieben.
Der y-Wert gibt die jeweilige Höhe des Balls über dem Spielfeld an.
Der Torwart wirft den Ball im Punkt $A(2{,}00 \,|\, f(2{,}00))$ ab.

3.2.1 Geben Sie an, in welcher Höhe über dem Spielfeld der Torwart den Ball abwirft.
Bestimmen Sie die größte Höhe des Balls über dem Spielfeld bei dieser Flugbahn. (3 BE)

3.2.2 Untersuchen Sie, ob der Ball bei dieser Flugbahn auf dem Spielfeld auftreffen könnte. (2 BE)

3.2.3 Ein Spieler fängt den Ball im Punkt $B(x_B \,|\, 1{,}29)$.
Jeder Punkt der gestrichelten Freiwurflinie (siehe Abbildung) hat von der Torlinie einen Abstand von 9,00 m.
Zeigen Sie, dass der Spieler den Ball senkrecht über einer Freiwurflinie fängt. (3 BE)

3.3 Die Wahrscheinlichkeit dafür, dass Torwart Marian einen Siebenmeterwurf hält, beträgt 22 %.

Berechnen Sie die Wahrscheinlichkeiten folgender Ereignisse:
Ereignis A: Marian hält einen von drei Siebenmeterwürfen.
Ereignis B: Marian hält keinen von drei Siebenmeterwürfen. (4 BE)

Lösungstipps zu Teil B

Teilaufgabe 1.1

Eine Einschränkung des Definitionsbereiches ist notwendig, wenn der Funktionsterm nicht für alle Werte der Variablen x berechenbar ist.

Überlegen Sie, ob im Nennerterm alle reellen Zahlen für x eingesetzt werden können.

Teilaufgabe 1.2

Der Punkt S_1 ist gemeinsamer Punkt der Graphen der Funktionen f und g.

Seine Koordinaten müssen beide Funktionsgleichungen erfüllen.

Prüfen Sie das.

Teilaufgabe 1.3

Betrachten Sie im Koordinatensystem das rechtwinklige Dreieck, dessen Hypotenuse $\overline{S_1S_2}$ ist.

Wenden Sie auf dieses Dreieck den Satz des Pythagoras an.

Teilaufgabe 1.4

Zeichnen Sie den Sachverhalt in ein Koordinatensystem ein.

Überlegen Sie, welcher Zusammenhang zwischen den x-Koordinaten der Punkte S_1 und S_2 und der Höhe h des Trapezes besteht.

Überlegen Sie, welcher Zusammenhang zwischen den y-Koordinaten der Punkte S_1 und S_2 und den Längen a und c der zueinander parallel liegenden Seiten des Trapezes besteht.

Ermitteln Sie den Flächeninhalt des Trapezes.
Nutzen Sie die Formel: $A = \frac{a+c}{2} \cdot h$

Teilaufgabe 1.5

Die Funktionsgleichung $y = h(x) = m \cdot x + n$ gilt allgemein für lineare Funktionen.

Die Parameter m und n bestimmen die Lage des jeweiligen Graphen im Koordinatensystem.

Der Parameter m bestimmt den Anstieg des Graphen der Funktion im Koordinatensystem.

Die Graphen der Funktionen g und h sollen parallel zueinander verlaufen.

Beide Funktionen haben denselben Anstieg m.

Der Punkt $C(2\,|\,1)$ soll auf dem Graphen der Funktion h liegen.

Die Punktkoordinaten müssen die Funktionsgleichung erfüllen.
Setzen Sie $x = 2$, $y = f(x) = 1$ und $m = -\frac{1}{2}$ ein.

Teilaufgabe 2.1

- Betrachten Sie das gegebene Dreieck ABC.
- Ermitteln Sie die Größe des dritten Innenwinkels.
- Wenden Sie auf das Dreieck ABC den Sinussatz an.

Teilaufgabe 2.2

- Es besteht ein Zusammenhang zwischen dem Volumen des Stahlkörpers und seiner Masse.
- Berechnen Sie das Volumen des Körpers.
  Nutzen Sie die Formel: $V = \underset{\substack{\uparrow \\ \text{Grund-} \\ \text{fläche}}}{A_G} \cdot \underset{\substack{\uparrow \\ \text{Körper-} \\ \text{höhe}}}{h}$
- Die Grundfläche des Körpers ist das unregelmäßige Dreieck ABC.
- Vom Dreieck ABC sind unter anderem die Längen zweier Seiten b und c und die Größe des von diesen Seiten eingeschlossenen Winkels α bekannt.
- Berechnen Sie den Flächeninhalt des Dreiecks ABC unter Verwendung der Formel $A = \frac{1}{2} \cdot b \cdot c \cdot \sin\alpha$.
  Beachten Sie: $b = \overline{AC}$ und $c = \overline{AB}$; $\alpha = \sphericalangle BAC$
- Die Masse eines Körpers ist direkt proportional zu seinem Volumen. Ein Kubikmeter Stahl hat eine Masse von 7,85 t.

Teilaufgabe 3.1

- Berechnen Sie die Größe des gesamten Spielfeldes A_H.
- Das Handballspielfeld ist ein Rechteck. Es hat die Maße $a = 40{,}00$ m und $b = 20{,}00$ m.
- Überlegen Sie, aus welchen Teilflächen sich der Torraum zusammensetzt.
- Beschrieben werden zwei Viertelkreise und ein dazwischenliegendes Rechteck.
- Die Viertelkreise haben jeweils einen Radius von $r = 6{,}00$ m.
- Das dazwischenliegende Rechteck ist $c = 6{,}00$ m lang und $d = 3{,}00$ m breit.
- Berechnen Sie den Flächeninhalt A_T eines Torraumes.
- Berechnen Sie den Anteil der Fläche beider Torräume an der Gesamthandballspielfeldfläche.
  Berechnen Sie den Quotienten $\frac{2A_T}{A_H}$.

Teilaufgabe 3.2.1

- Berechnen Sie die y-Koordinate des Punktes A.
- Setzen Sie dazu die x-Koordinate des Punktes A in die Funktionsgleichung der Funktion f ein.
- Betrachten Sie den Graphen der Funktion f.

- Die nach unten geöffnete Parabel hat einen Extrempunkt.
- Es handelt sich um einen Hochpunkt.
- Bestimmen Sie die y-Koordinate dieses Hochpunktes.

Teilaufgabe 3.2.2

- Betrachten Sie den Graphen der Funktion f im festgelegten Koordinatensystem.
- Überlegen Sie, welcher Zusammenhang zwischen dem Sachverhalt des Auftreffens des Balls auf dem Boden und einer Eigenschaft der Funktion f besteht.
- Bestimmen Sie die Nullstelle der Funktion f im angegebenen Definitionsbereich. Sie können das EQUA-Menü, aber auch das GRAPH-Menü des GTR nutzen.

Teilaufgabe 3.2.3

- Die Flugbahn des Balls wird durch die Funktion f im Intervall $[2{,}00; x_N]$ beschrieben.
- Die Koordinaten jedes Punktes des Graphen der Funktion geben an, in welcher Höhe sich der Ball im Abstand zum Punkt M (Mittelpunkt der Torlinie und festgelegter Koordinatenursprung) befindet.
- Die Ballhöhe ist mit 1,29 m vorgegeben.
- Ermitteln Sie mithilfe der Funktionsgleichung das zugehörige Argument. Sie können dieses sowohl über das EQUA-Menü als auch das GRAPH-Menü des GTR bestimmen.
- Vergleichen Sie den ermittelten Abstand mit der Spielfeldlänge.

Teilaufgabe 3.3

- Zeichnen Sie das zugehörige Baumdiagramm
- Überlegen Sie, welche Ergebnisse zum Ereignis A gehören.
- Wenden Sie zur Berechnung der Wahrscheinlichkeit des Ereignisses A sowohl die Pfadmultiplikationsregel als auch die Summenregel an.
- Veranschaulichen Sie sich im Baumdiagramm, welches Ergebnis zum Ereignis B gehört.
- Berechnen Sie die gesuchte Wahrscheinlichkeit mithilfe der Pfadmultiplikationsregel.

1 ☒ 275 €

Erklärung der Lösung:

10 % von 2 500 €: $\frac{1}{10} \cdot 2\,500\ € = 250\ €$

1 % von 2 500 €: $\frac{1}{100} \cdot 2\,500\ € = 25\ €$

(10 % + 1 %) von 2 500 €: $250\ € + 25\ € = 275\ €$

2 ☒ $y = \sqrt{x} + 1 \quad (x \in \mathbb{R};\ x \geq 0)$

Erklärung der Lösung:
Die möglichen Nullstellen könnten, wie am Beispiel der ausgewählten Funktion gezeigt, berechnet werden. Geht man nacheinander vor, findet man bei der dritten gegebenen Funktion die richtige Lösung. Hier werden zur Information alle gegebenen Funktionen betrachtet.

$$y = \sqrt{x} + 1 \qquad (x \in \mathbb{R};\ x \geq 0)$$
$$0 = \sqrt{x_N} + 1 \quad |-1$$
$$-1 = \sqrt{x_N}$$

Diese Gleichung ist für kein x_N erfüllt. Die Funktion hat deshalb keine Nullstelle.

Berechnungs-gleichung	Umformung	Lösung	Entscheidung
$0 = -3 \cdot x_N + 1$	$3x_N = 1$	$x_N = \frac{1}{3}$	Die Funktion hat eine Nullstelle.
$0 = -x_N^2 + 1$	$x_N^2 = 1$	$x_{N1} = 1$ $x_{N2} = -1$	Die Funktion hat zwei Nullstellen.
$0 = \frac{1}{x_N} + 1$	$\frac{1}{x_N} = -1$	$x_N = -1$	Die Funktion hat eine Nullstelle.
$0 = \sin(x_N + 1)$	$x_N + 1 = k \cdot \pi$ $(k \in \mathbb{Z})$	$x_N = k \cdot \pi - 1$ $(k \in \mathbb{Z})$	Die Funktion hat unendlich viele Nullstellen.

Hinweis: Durch Überlegung zum Verlauf des Graphen der jeweils gegebenen Funktion kommt man zum selben Ergebnis.

3 ☒ $y = \sin(2 \cdot x) \quad (x \in \mathbb{R})$

Erklärung der Lösung:
Die Funktion g mit der Gleichung $y = g(x) = \sin x \quad (x \in \mathbb{R})$ hat als kleinste Periode 2π. Nur der Parameter b in der Gleichung für die allgemeine Sinusfunktion $y = h(x) = a \cdot \sin(bx + c) + e \quad (x \in \mathbb{R};\ a, b, c, e \in \mathbb{R};\ a \neq 0;\ b \neq 0)$ hat Einfluss auf die kleinste Periode.

Für die kleinste Periode gilt: $\frac{2\pi}{b}$

Bei der 1., 3. und 5. Funktionsgleichung ist $b = 1$ und die kleinste Periode $\frac{2\pi}{1} = 2\pi$.

Bei der 2. Funktionsgleichung ist $b = \pi$ und damit gilt für die kleinste Periode:
$\frac{2\pi}{\pi} = 2$

Bei der 4. Funktionsgleichung ist $b = 2$ und die kleinste Periode $\frac{2\pi}{2} = \pi$.

4 ☒ $\tan\beta = \frac{3}{4}$

Erklärung der Lösung:
Für den Winkel β können im gegebenen rechtwinkligen Dreieck ABC folgende trigonometrische Beziehungen aufgestellt werden:

$\sin\beta = \frac{3}{5};\ \cos\beta = \frac{4}{5};\ \tan\beta = \frac{3}{4}$

In den Antwortmöglichkeiten ist nur $\tan\beta = \frac{3}{4}$ zu finden.

5 ☒ $V_2 = 8 \cdot V_1$

Erklärung der Lösung:
Das Volumen einer Kugel wird bei bekanntem Radius r mit der Formel $V = \frac{4}{3} \cdot \pi \cdot r^3$ berechnet.

Die Kugel K_1 besitzt das Volumen $V_1 = \frac{4}{3} \cdot \pi \cdot r_1^3$.

Für eine zweite Kugel K_2, die einen doppelt so großen Radius $r_2 = 2 \cdot r_1$ hat, gilt:

$$V_2 = \frac{4}{3} \cdot \pi \cdot r_2^3$$

$$V_2 = \frac{4}{3} \cdot \pi \cdot (2 \cdot r_1)^3$$

$$V_2 = \frac{4}{3} \cdot \pi \cdot 2^3 \cdot r_1^3$$

$$V_2 = \underbrace{\frac{4}{3} \cdot \pi \cdot r_1^3}_{V_1} \cdot 2^3$$

$$V_2 = V_1 \cdot 8$$

$$V_2 = 8 \cdot V_1$$

6 ☒ $\frac{4}{25}$

Erklärung der Lösung:
Es sind die 25 Zahlen von 1 bis 25 gegeben. Betrachtet werden die durch 2 (gerade Zahlen) und 3 teilbaren Zahlen der Ergebnismenge $S = \{1; 2; 3; \ldots; 24; 25\}$.

Zahlen, die durch 2 und 3 teilbar sind, müssen durch 6 teilbar sein. Die Teilermenge von 6 in dem gegebenen Bereich ist $T_6 = \{6; 12; 18; 24\}$.

Jedes Ergebnis des Zufallsversuches tritt mit gleicher Wahrscheinlichkeit ein (Laplace-Versuch).
Die Wahrscheinlichkeit für das Ereignis E „Die Zahl ist gerade und durch 3 teilbar" ist deshalb:

$$P(E) = \frac{\text{Anzahl der Ergebnisse, bei denen E eintritt}}{\text{Anzahl aller möglichen Ergebnisse}}$$

$$P(E) = \frac{4}{25}$$

7.1 $\underline{\underline{x_N = 1}}$

Erklärung der Lösung:
Die Nullstelle einer Funktion ist dasjenige Argument x, dessen zugeordneter Funktionswert $f(x)$ null ist.
Wird in der gegebenen Funktionsgleichung $f(x) = 2^x - 2$ $(x \in \mathbb{R})$ für den Funktionswert null eingesetzt, kann die Nullstelle x_N durch Umstellung und Überlegung bestimmt werden.

$$0 = 2^{x_N} - 2 \qquad |+2$$

$$2 = 2^{x_N}$$

Für $x_N = 1$ ist die Gleichung erfüllt, denn

$$2 = 2^1$$

$\underline{\underline{S(0|-1)}}$

Erklärung der Lösung:
Liegt ein Punkt auf der y-Achse, muss seine x-Koordinate null sein. Durch Einsetzen in die Funktionsgleichung kann die y-Koordinate des Schnittpunktes der Funktion mit der y-Achse ermittelt werden.

$$\begin{aligned} f(0) &= 2^0 - 2 \\ &= 1 - 2 \\ &= -1 \end{aligned}$$

7.2 Die Koordinaten jedes Punktes des Graphen der Funktion f müssen die Funktionsgleichung $f(x) = 2^x - 2 \quad (x \in \mathbb{R})$ erfüllen.
So prüft man den Wahrheitsgehalt der Gleichung.

$$-\frac{1}{4} = 2^{-2} - 2$$

$$-\frac{1}{4} = \frac{1}{2^2} - 2$$

$$-\frac{1}{4} = \frac{1}{4} - 2$$

$$-\frac{1}{4} = -1\frac{3}{4} \quad \text{f. A.}$$

Ergebnis: Der Punkt P liegt <u>nicht</u> auf dem Graphen der Funktion f.

7.3 $\underline{g(x) = 2^{-x} - 2 \quad (x \in \mathbb{D}_f)}$

Erklärung der Lösung:
Der Graph der Funktion g geht durch Spiegelung des Graphen der Funktion f an der y-Achse hervor. Für jedes Argument x des Definitionsbereiches der Funktion f gibt es das entgegengesetzte Argument –x aus dem Definitionsbereich der Funktion g, sodass gilt: $g(-x) = f(x)$

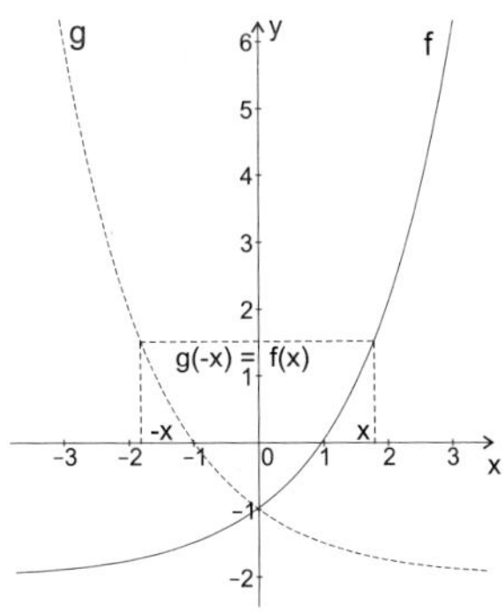

8 Im Dreieck ABD gilt laut Innenwinkelsatz:

$\alpha + 90° + 40° + 20° = 180°$

Somit ist $\alpha = 180° - 90° - 60° = 30°$.

Der Winkel $\sphericalangle ACB$ im Dreieck ABC liegt ebenso wie der Winkel $\sphericalangle ADB$ im Dreieck ABD über dem Durchmesser $\overline{AB}$ des Kreises und muss nach dem Satz des Thales ebenfalls 90° betragen.

Satz des Thales:
Jeder Peripheriewinkel über einem Durchmesser eines Kreises ist ein rechter Winkel.
Hinweis: Dass der Winkel $\sphericalangle ACB = 90°$ beträgt, kann auch über den Peripheriewinkelsatz begründet werden.

Durch Anwenden des Innenwinkelsatzes auf das Dreieck ABC kann die Größe des Winkels β bestimmt werden.

$$20° + \alpha + \beta + 90° = 180°$$
$$20° + 30° + \beta + 90° = 180°$$
$$\beta + 140° = 180° \quad | -140°$$
$$\underline{\underline{\beta = 40°}}$$

9

$$-\frac{3}{2} \cdot \left(2 - \frac{4}{3} \cdot x\right) + 2 \cdot x = 7 \quad |\text{Klammer auflösen}$$
$$-\frac{3}{\cancel{2}_1} \cdot \cancel{2}^1 - \frac{\cancel{3}^1}{\cancel{2}_1} \cdot \left(-\frac{\cancel{4}^2}{\cancel{3}_1}\right) \cdot x + 2 \cdot x = 7 \quad |\text{kürzen}$$
$$-3 + 2 \cdot x + 2 \cdot x = 7 \quad |\text{zusammenfassen}$$
$$-3 + 4 \cdot x = 7 \quad |+3$$
$$4 \cdot x = 10 \quad |:4$$
$$x = \frac{10}{4}$$
$$\underline{\underline{x = \frac{5}{2}}}$$

1.1 Definitionsbereich: $\underline{\underline{x \in \mathbb{R};\ x \neq 0}}$

Erklärung der Lösung:
Eine Einschränkung des Definitionsbereiches ist notwendig, wenn der Funktionsterm nicht für alle Werte der Variablen x berechenbar ist.
Wird $x=0$ eingesetzt, erhält man $\frac{2}{0^2}=\frac{2}{0}$ und somit einen nicht definierten Term.

1.2 Sowohl auf dem Graphen der Funktion f als auch auf dem Graphen der Funktion g soll der Punkt S_1 liegen. Die Koordinaten des Punktes $S_1(-1\,|\,2)$ müssen demnach beide Funktionsgleichungen erfüllen.

$$f(-1)=\frac{2}{(-1)^2}=\frac{2}{1}=2 \quad\Rightarrow\quad S_1 \in f$$

$$g(-1)=-\frac{1}{2}\cdot(-1)+\frac{3}{2}=\frac{1}{2}+\frac{3}{2}=2 \quad\Rightarrow\quad S_1 \in g$$

Ergebnis: Der Punkt $S_1(-1\,|\,2)$ liegt auf den Graphen beider Funktionen.

1.3 Durch Anwendung des Satzes von Pythagoras auf das rechtwinklige Dreieck S_1RS_2 (vgl. Abbildung) kann der Abstand $\overline{S_1S_2}$ beider Punkte berechnet werden.

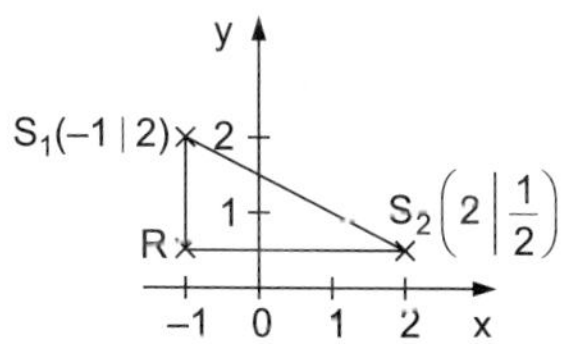

$$\overline{S_1S_2}^2=\overline{RS_1}^2+\overline{RS_2}^2 \qquad |\sqrt{\ } \qquad (\overline{S_1S_2}>0)$$

$$\overline{S_1S_2}=\sqrt{(f(x_1)-f(x_2))^2+(x_1-x_2)^2}$$

$$\overline{S_1S_2}=\sqrt{\left(2-\frac{1}{2}\right)^2+(-1-2)^2}$$

$$\overline{S_1S_2}=\sqrt{\left(\frac{3}{2}\right)^2+(-3)^2}$$

$$\overline{S_1S_2}=\sqrt{\frac{9}{4}+9}$$

$$\overline{S_1S_2}=\sqrt{\frac{9}{4}+\frac{36}{4}}$$

$$\overline{S_1S_2}=\sqrt{\frac{45}{4}}$$

$$\overline{S_1S_2}=\frac{\sqrt{45}}{\sqrt{4}}$$

$$\underline{\underline{\overline{S_1S_2}}} = \frac{\sqrt{9}\cdot\sqrt{5}}{\sqrt{4}} = \underline{\underline{\frac{3}{2}\sqrt{5}}}$$

Ergebnis: Die Punkte S_1 und S_2 sind $\frac{3}{2}\sqrt{5}$ Längeneinheiten voneinander entfernt.

1.4 Die Punkte A und B der Figur sind die Lotfußpunkte der gegebenen Punkte S_1 bzw. S_2. Deshalb müssen die Strecken $\overline{AS_1}$ und $\overline{BS_2}$ parallel zueinander liegen. Die Figur ABS_2S_1 ist deshalb ein Trapez, dessen Flächeninhalt A mithilfe der folgenden Formel berechnet werden kann:

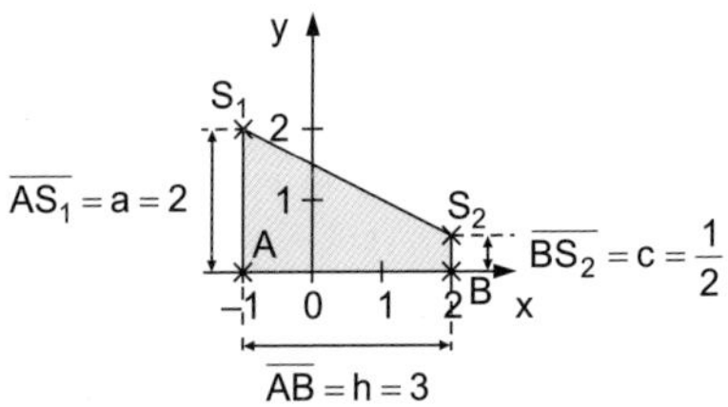

$$A = \frac{a+c}{2}\cdot h$$

a und c sind die zueinander parallel liegenden Trapezseiten $\overline{AS_1}$ und $\overline{BS_2}$ und $h = \overline{AB}$ ist die zugehörige Höhe.

$$A = \frac{2+\frac{1}{2}}{2}\cdot 3$$

$$A = \frac{15}{4} = 3{,}75$$

Ergebnis: Das Trapez ABS_2S_1 hat einen Flächeninhalt von $\underline{\underline{3{,}75\text{ FE}}}$.

1.5 Liegen die Graphen zweier linearer Funktionen parallel zueinander, dann stimmen ihre Anstiege überein.

Die Funktion h hat deshalb den Anstieg $m = -\frac{1}{2}$.

Liegt ein Punkt auf dem Graphen einer linearen Funktion, müssen seine Koordinaten die Funktionsgleichung $y = f(x) = m\cdot x + n$ $(x \in \mathbb{R})$ erfüllen.

Setzt man den gegebenen Wert für den Anstieg m und die Koordinaten des Punktes $C(2\,|\,1)$ in die Funktionsgleichung ein, kann man den Parameter n bestimmen.

$$h(x) = m\cdot x + n$$

$$C \in h \text{ und } m = -\frac{1}{2}$$

$$1 = -\frac{1}{2}\cdot 2 + n$$

$$1 = -1 + n \qquad |+1$$

$$2 = n$$

Ergebnis: $\underline{\underline{h(x) = -\frac{1}{2}\cdot x + 2}}$

2.1 In der nebenstehenden Skizze ist die Grundfläche des geraden Prismas, das eine Höhe von 3,60 m hat, abgebildet.

Zur Berechnung der Seite $\overline{AC}$ kann auf das unregelmäßige Dreieck ABC der Sinussatz angewendet werden.

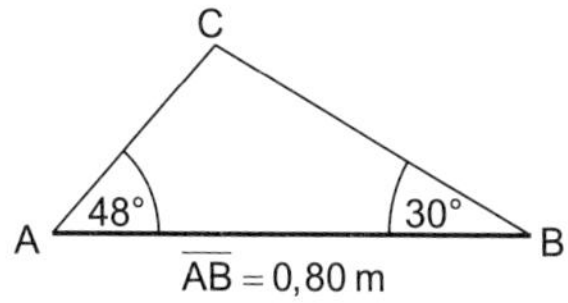

Abbildung nicht maßstäblich

$$\frac{\overline{AC}}{\sin 30°} = \frac{\overline{AB}}{\sin \sphericalangle ACB} \quad \Big| \cdot \sin 30°$$

$$\overline{AC} = \frac{\overline{AB} \cdot \sin 30°}{\sin \sphericalangle ACB}$$

Aufgrund des Innenwinkelsatzes ist $\sphericalangle ACB = 180° - (48° + 30°) = 102°$.

$$\overline{AC} = \frac{0,80 \text{ m} \cdot \sin 30°}{\sin 102°}$$

$$\overline{AC} \approx 0,41 \text{ m}$$

Ergebnis: Damit ist rechnerisch gezeigt, dass $\overline{AC}$ eine Länge von rund 0,41 m hat.

2.2 Für das Volumen des gegebenen geraden Prismas muss gelten:

$$V = A_G \cdot h$$

A_G ↑ Grundfläche des Prismas; h ↑ Höhe des Prismas

Die Grundfläche ist das unregelmäßige Dreieck ABC, dessen Flächeninhalt mit

$$A = \frac{1}{2} \cdot \overline{AB} \cdot \overline{AC} \cdot \sin \sphericalangle BAC$$

$\overline{AB}$, $\overline{AC}$ ↑ zwei Seiten des Dreiecks ABC; $\sin \sphericalangle BAC$ ↑ von den zwei Seiten eingeschlossener Winkel

berechnet werden kann. Die Körperhöhe des Prismas ist mit 3,60 m gegeben.

$$V = \frac{1}{2} \cdot \overline{AB} \cdot \overline{AC} \cdot \sin \sphericalangle BAC \cdot h$$

$$V = \frac{1}{2} \cdot 0,80 \text{ m} \cdot 0,41 \text{ m} \cdot \sin 48° \cdot 3,60 \text{ m}$$

Ein Kubikmeter Stahl besitzt eine Masse von 7,85 t. Die Masse des Stahlkörpers ändert sich direkt proportional zu seinem Volumen:

$$m = \frac{7,85 \text{ t}}{1 \text{ m}^3} \cdot V$$

$$m = \frac{7{,}85\ t}{1\ \not{m}^{\not{3}\,1}} \cdot \frac{1}{2} \cdot 0{,}80\ \not{m}^{1} \cdot 0{,}41\ \not{m}^{1} \cdot \sin 48° \cdot 3{,}60\ \not{m}^{1}$$

$$\underline{\underline{m \approx 3{,}44\ t}}$$

Ergebnis: Der Stahlpfeiler hat eine Masse von rund 3,44 t.

3 Skizze des Sachverhaltes:

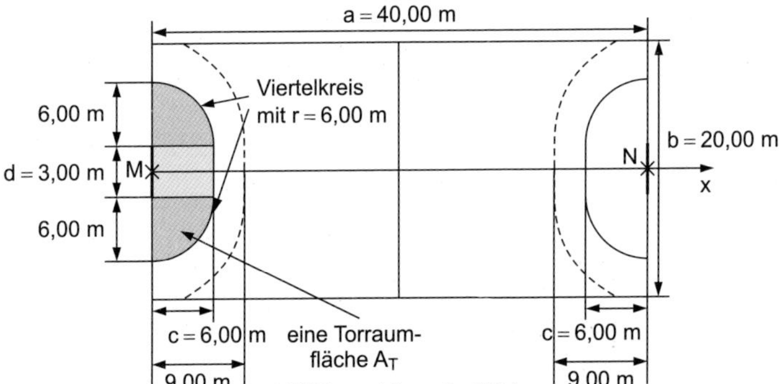

Abbildung nicht maßstäblich

3.1 Die Größe der Gesamtfläche des rechteckigen Handballspielfeldes mit den Seitenlängen a = 40,00 m und b = 20,00 m beträgt:

$$A_H = a \cdot b$$
$$A_H = 40{,}00\ m \cdot 20{,}00\ m = 800{,}00\ m^2$$

Es gibt zwei gleich große Torraumflächen. Eine Torraumfläche A_T setzt sich aus den Flächen von zwei identischen Viertelkreisen, deren Radius r = 6,00 m beträgt, und einer zwischen den beiden Viertelkreisen liegenden Rechteckfläche mit den Maßen c = 6,00 m und d = 3,00 m zusammen.

$$A_T = 2 \cdot \frac{1}{4} \cdot A_{Kreis} + A_{Rechteck}$$

$$A_T = \frac{1}{2} \cdot \pi \cdot r^2 + c \cdot d$$

$$A_T = \frac{1}{2} \cdot \pi \cdot (6{,}00\ m)^2 + 6{,}00\ m \cdot 3{,}00\ m$$

$$A_T \approx 74{,}55\ m^2$$

Der Anteil beider Torraumflächen an der Gesamtfläche beträgt:

$$\frac{2 \cdot A_T}{A_H} \approx \frac{2 \cdot 74{,}55\,\text{m}^2}{800{,}00\,\text{m}^2} \approx 0{,}186$$

Ergebnis: Die Torraumflächen nehmen rund $\underline{\underline{18{,}6\,\%}}$ der Gesamtspielfeldfläche ein.

3.2 Skizze des Sachverhaltes:

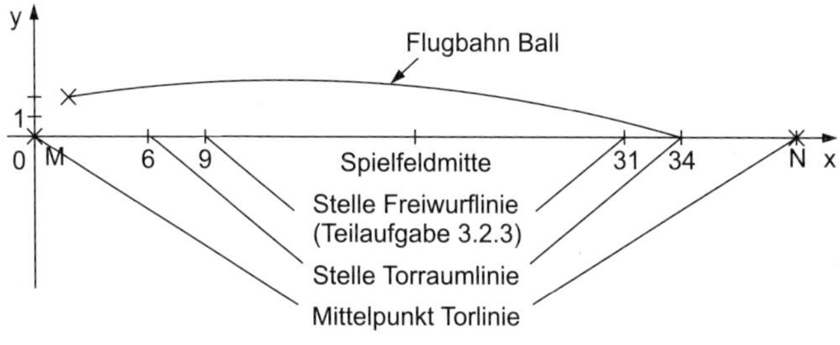

Abbildung nicht maßstäblich

3.2.1 Die Abwurfhöhe beträgt $\underline{\underline{h = 2{,}16\,\text{m}}}$.

Erklärung der Lösung:
Wirft der Torwart den Ball im Punkt $A(2{,}00 \mid f(2{,}00))$ ab, so ergibt sich die Wurfhöhe mithilfe der gegebenen Festlegungen aus dem Funktionswert, der dem Argument $x = 2{,}00$ zugeordnet wird.

1. Möglichkeit:
Berechnung:

$f(2{,}00) = -0{,}01 \cdot (2{,}00)^2 + 0{,}30 \cdot 2{,}00 + 1{,}60$

$f(2{,}00) = 2{,}16$

2. Möglichkeit:
Bestimmung mithilfe des GTR

Nach Eingabe der Funktionsgleichung $y = f(x) = -0{,}01 \cdot x^2 + 0{,}30 \cdot x + 1{,}60$ in das GRAPH-Menü des GTR wählt man eine geeignete Fenstereinstellung und kann mithilfe des vorgegebenen Wertes $x = 2{,}00$ über den Befehl „y-cal“ den gesuchten Funktionswert ermitteln.

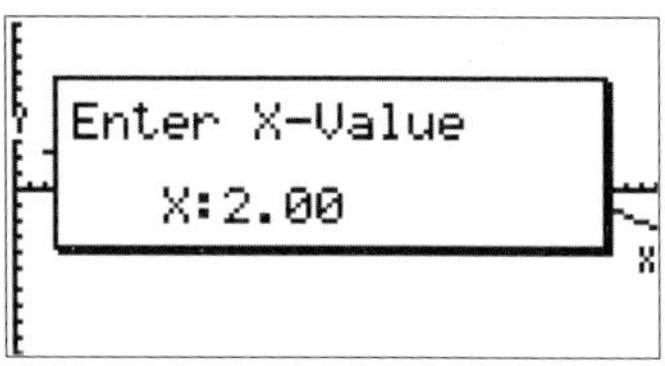

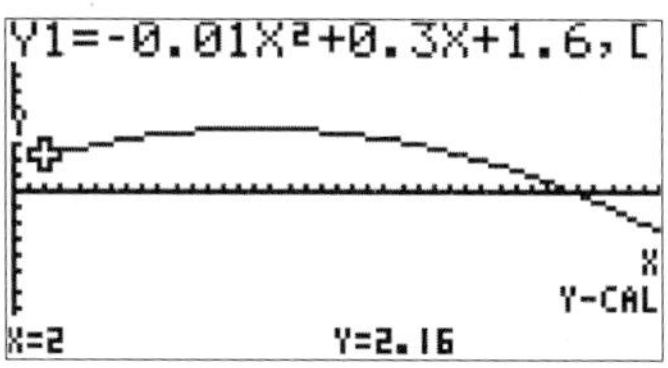

Die Flugbahn des Balls kann mit der Funktion
$y = f(x) = -0{,}01 \cdot x^2 + 0{,}30 \cdot x + 1{,}60 \quad (x \in \mathbb{R};\ x \geq 2)$ beschrieben werden.
Der Graph dieser Funktion ist eine nach unten geöffnete Parabel. Der Extrempunkt (Hochpunkt) liefert mit seiner y-Koordinate den Wert für die maximale Höhe des Balls. Nach Eingabe der Funktionsgleichung f(x) in das GRAPH-Menü des GTR bestimmt man mithilfe des Befehls „MAX“ die Koordinaten des Extrempunktes.

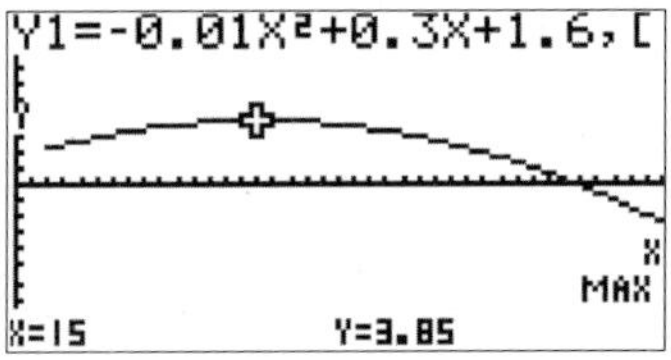

abgelesen: H(15 | 3,85)

Ergebnis: Die maximale Höhe des Balls beträgt 3,85 m.

3.2.2 Gesucht ist die Nullstelle der Funktion f mit der Gleichung
$f(x) = -0{,}01 \cdot x^2 + 0{,}30 \cdot x + 1{,}60 \quad (x \in \mathbb{R};\ x \geq 0).$

$f(x_N) = 0$

1. Möglichkeit:
Berechnung der Lösungen unter Nutzung des EQUA-Menüs des GTR
$0 = -0{,}01 \cdot x_N^2 + 0{,}30 \cdot x_N + 1{,}60$

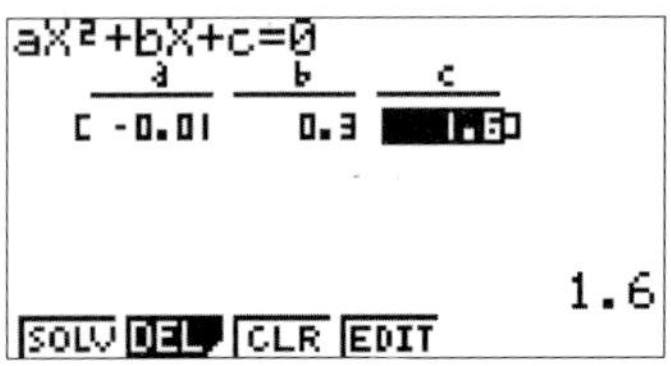

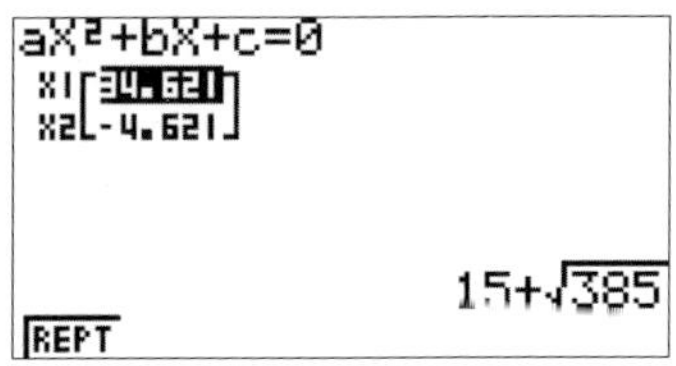

$x_{N1} = 15 + \sqrt{385} \approx 34{,}62$
$x_{N2} = 15 - \sqrt{385} \approx -4{,}62$
Aufgrund des Definitionsbereiches der Funktion kommt nur die Lösung x_{N1} in Betracht.

2. Möglichkeit:
Lösungsbestimmung unter Nutzung des GRAPH-Menüs des GTR
Nach Eingabe der Funktionsgleichung in das GRAPH-Menü wählt man eine geeignete Fenstereinstellung und kann über den Befehl „ROOT“ die Nullstelle ermitteln.

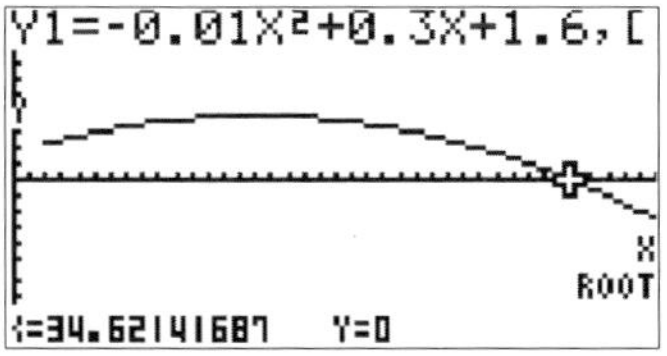

abgelesen: N(34,62 | 0)

Ergebnis: Der Ball würde nach rund 34,62 m aufkommen und damit im 40,00 m langen Spielfeld liegen.

3.2.3 Die Koordinate x_B des Punktes $B(x_B \mid 1{,}29)$ legt fest, in welchem Abstand x_B zum Torlinienmittelpunkt M der Ball in 1,29 m Höhe ist. Setzt man die y-Koordinate des Punktes B in die Gleichung der Funktion f ein, so erhält man:

$$1{,}29 = -0{,}01 \cdot x_B^2 + 0{,}30 \cdot x_B + 1{,}60 \quad | -1{,}29$$
$$0 = -0{,}01 \cdot x_B^2 + 0{,}30 \cdot x_B + 0{,}31$$

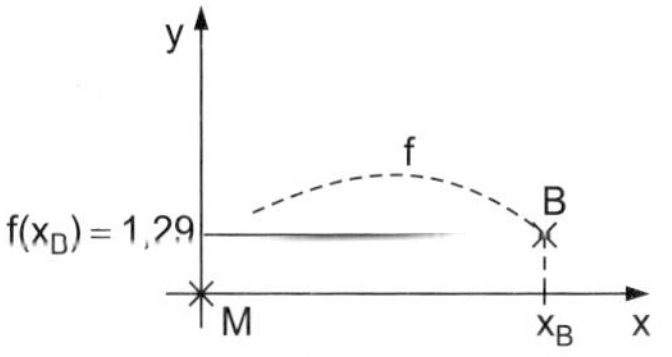

1. Möglichkeit:
Die quadratische Gleichung kann unter Nutzung des EQUA-Menüs des GTR gelöst werden.

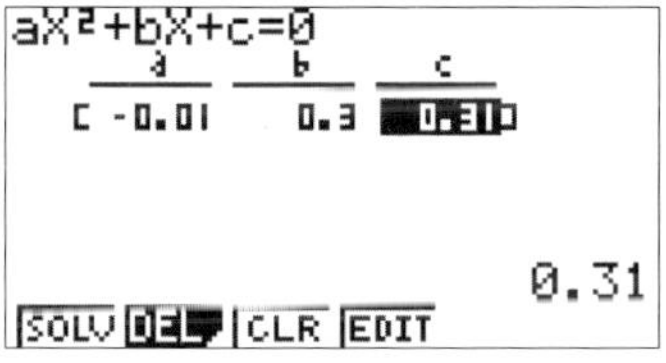

$x_{B1} = 31$

$x_{B2} = -1$ entfällt aufgrund des Definitionsbereiches.

2. Möglichkeit:
Nach Eingabe der Gleichung $y = f(x) = -0{,}01 \cdot x^2 + 0{,}30 \cdot x + 1{,}60$ in das GRAPH-Menü des GTR wählt man eine geeignete Fenstereinstellung und kann mithilfe des vorgegebenen Funktionswertes $y = 1{,}29$ über den Befehl „x-cal" den gesuchten Wert x_B ermitteln.

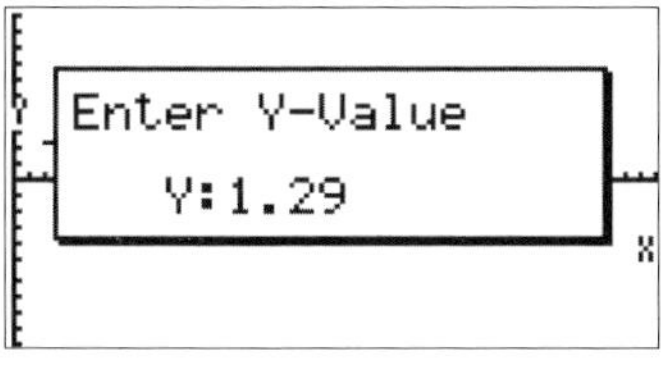

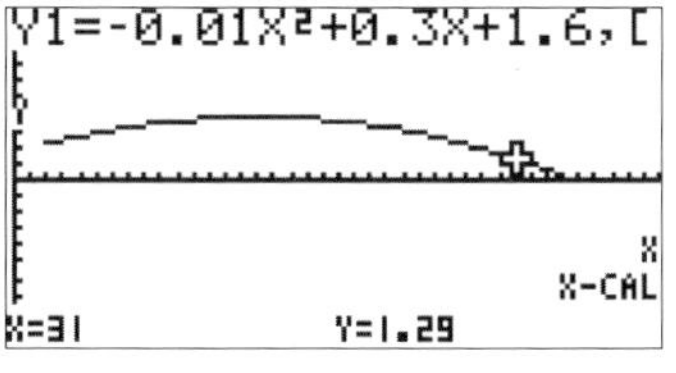

Vom Punkt M aus wird der Ball nach 31 m abgefangen. Der Spieler fängt den Ball in der zweiten Spielfeldhälfte. Der Ball befindet sich im Abstand von 40,00 m – 31,00 m = 9,00 m zum Spielfeldende in 1,29 m Höhe.

Ergebnis: Der Spieler fängt den Ball senkrecht über der Freiwurflinie.

3.3 Darstellung im Baumdiagramm

g … Torwart hält Siebenmeterwurf

$\overline{g}$ … Torwart hält Siebenmeterwurf nicht

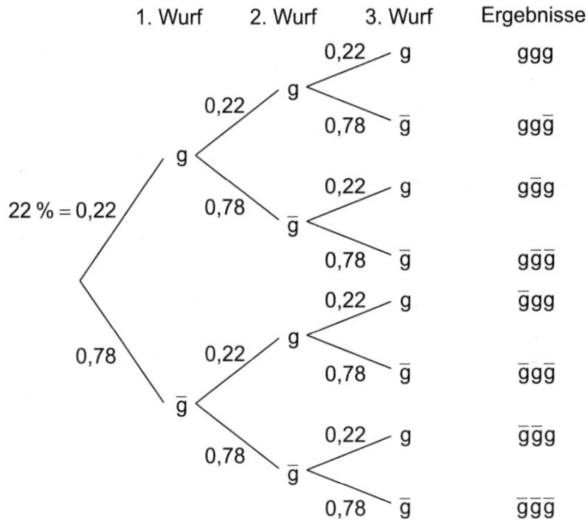

Berechnung der Wahrscheinlichkeiten unter Verwendung der Pfadregeln:

$$P(A) = P(g\overline{g}\,\overline{g},\ \overline{g}g\overline{g},\ \overline{g}\,\overline{g}g)$$
$$= 3 \cdot 0{,}22 \cdot 0{,}78 \cdot 0{,}78$$

3 Pfade (3 Ergebnisse)

Pfadwahrscheinlichkeit für „Torwart hält" ($p = 0{,}22$)

Pfadwahrscheinlichkeit für „Torwart hält nicht" ($1 - p = 1 - 0{,}22 = 0{,}78$)

$$P(A) \approx 0{,}4015$$

$$P(B) = P(\overline{g}\,\overline{g}\,\overline{g}) = 0{,}78 \cdot 0{,}78 \cdot 0{,}78 \approx 0{,}4746$$

Ergebnis: Die Wahrscheinlichkeit des Ereignisses A beträgt rund $\underline{\underline{40{,}2\,\%}}$ und die des Ereignisses B rund $\underline{\underline{47{,}5\,\%}}$.

Besondere Leistungsfeststellung Mathematik Sachsen
2018

Teil A

(ohne Nutzung von Tabellen- und Formelsammlung sowie Taschenrechner)

In den Aufgaben 1 bis 6 ist von den jeweils fünf Auswahlmöglichkeiten genau eine Antwort richtig. Kreuzen Sie das jeweilige Feld an.

1 In Cunewalde in der Oberlausitz sind originalgetreue Modelle sehenswerter Umgebindehäuser im Maßstab 1 : 5 zu besichtigen.
Das Modell eines Umgebindehauses hat eine Länge von 2,4 m.
Dieses Umgebindehaus besitzt im Original eine Länge von: (1 BE)

☐	☐	☐	☐	☐
5,0 m	9,6 m	12,0 m	14,4 m	24,0 m

2 Welches Volumen ist am größten? (1 BE)

☐	☐	☐	☐	☐
2 m^3	20 dm^3	20 Liter	200 cm^3	2 000 cm^3

3 Welche Abbildung stellt kein Trapez dar? (1 BE)

☐ ☐ ☐ ☐ ☐

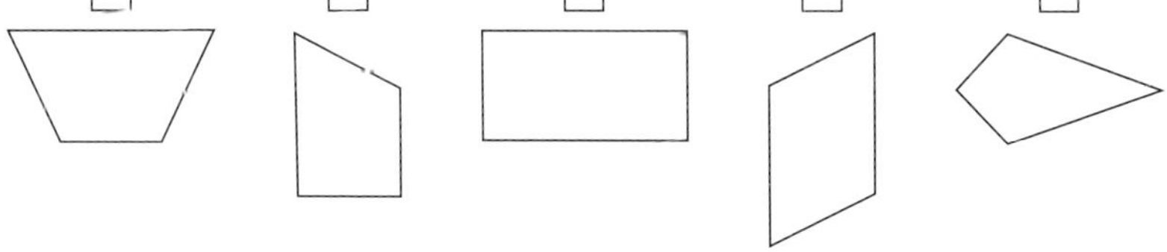

4 Welche Gleichung besitzt im Bereich der reellen Zahlen die zwei Lösungen $x_1 = -2$ und $x_2 = 0$? (1 BE)

☐	☐	☐	☐	☐
$x^2 - 4 = 0$	$x^2 + 4 = 0$	$x \cdot (x - 2) = 0$	$x \cdot (x + 2) = 0$	$x^2 - x - 2 = 0$

5 Der Graph welcher linearen Funktion schneidet die Koordinatenachsen in den Punkten $A(2|0)$ und $B(0|-4)$? (1 BE)

☐	☐	☐	☐	☐
$y = x - 4$	$y = x - 2$	$y = -2 \cdot x - 4$	$y = 2 \cdot x - 4$	$y = \frac{1}{2} \cdot x + 2$
$(x \in \mathbb{R})$	$(x \in \mathbb{R})$	$(x \in \mathbb{R})$	$(x \in \mathbb{R})$	$(x \in \mathbb{R})$

6 In welchem Intervall ist die Funktion f mit $y = f(x) = (x-1)^2 + 2$ $(x \in \mathbb{R})$ monoton steigend? (1 BE)

☐	☐	☐	☐	☐
$x \le -2$	$x < -1$	$x \le 0$	$x < 1$	$x \ge 1$

7 Ein Wohnhaus besitzt die Form eines geraden Prismas (siehe Abbildung). Die Punkte A, B, C, D, E, F, G und H sind Eckpunkte eines Quaders.

Es gilt:

$\overline{AB} = 8{,}0\ \text{m}$,

$\overline{BC} = \overline{IJ} = 10{,}0\ \text{m}$,

$\overline{AE} = 3{,}5\ \text{m}$

und $h = 6{,}5\ \text{m}$.

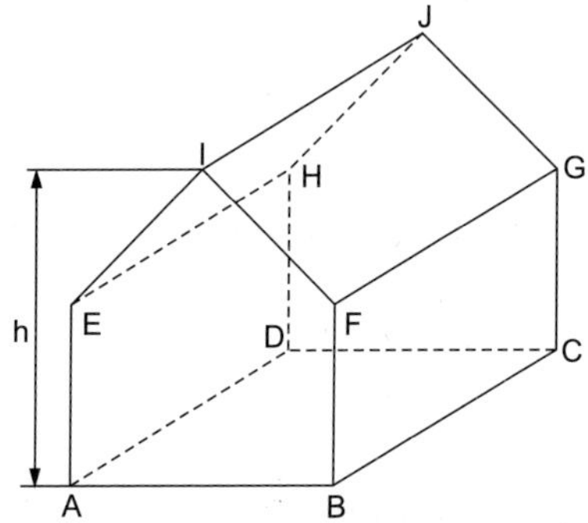

Abbildung (nicht maßstäblich)

7.1 Geben Sie die Höhe dieses geraden Prismas an. (1 BE)

7.2 Bestimmen Sie das Volumen des durch die Punkte E, F, G, H, I und J begrenzten Dachraumes. (4 BE)

8 Ein Schüler kauft für ein Konzert Karten der Preisstufe I zum Preis von jeweils 20 Euro und Karten der Preisstufe II zum Preis von jeweils 12 Euro. Er bezahlt für insgesamt 12 Karten 200 Euro.

Ermitteln Sie, wie viele Karten der Schüler von jeder Preisstufe gekauft hat. (4 BE)

Teil B

1 Gegeben ist die Funktion f mit $y = f(x) = 3 \cdot 2^x - 1$ $(x \in \mathbb{R})$.

1.1 Bestimmen Sie die Koordinaten des Schnittpunkts des Graphen von f mit der y-Achse.
Geben Sie den Wertebereich von f an. (3 BE)

1.2 Ermitteln Sie das Argument zum Funktionswert 47. (2 BE)

1.3 Der Punkt $A\left(-2 \,\middle|\, -\frac{7}{8}\right)$ liegt auf dem Graphen der Funktion g mit $y = g(x) = a \cdot 2^x - 1$ $(x \in \mathbb{R};\ a \in \mathbb{R})$.
Bestimmen Sie den Wert von a. (2 BE)

2 Gegeben ist das Dreieck ABC mit $\overline{AB} = 6{,}8\ \text{cm}$, $\overline{AC} = 6{,}0\ \text{cm}$ und $\sphericalangle BAC = 43{,}0°$.
Der Punkt M ist Mittelpunkt des Umkreises des Dreiecks ABC (siehe Abbildung).

2.1 Berechnen Sie die Länge der Seite $\overline{BC}$. (2 BE)

2.2 Die Größe des Winkels $\sphericalangle ACM$ beträgt $31{,}0°$.
Zeigen Sie, dass gilt: $\overline{MC} \approx 3{,}5\ \text{cm}$. (3 BE)

2.3 Berechnen Sie den prozentualen Anteil des Flächeninhaltes des Dreiecks ABC am Flächeninhalt seines Umkreises. (3 BE)

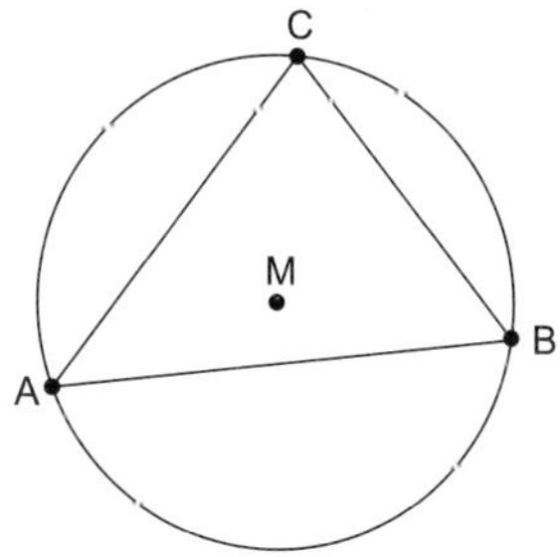

Abbildung (nicht maßstäblich)

3 Ein Smartphonehersteller entwickelt ein neues Modell.

3.1 Ein herausragendes Produktmerkmal dieses Smartphones wird die kurze Ladedauer seines Akkus sein.
Die Funktion t mit $t(r) = -0{,}0075 \cdot r^2 + 75$ $(r \in \mathbb{R},\ 0 \le r \le 100)$ beschreibt in Abhängigkeit von der Restkapazität r des Akkus zu Ladebeginn die Zeit bis zum vollständigen Aufladen des Akkus.
Dabei gilt:
r … Restkapazität des Akkus zu Ladebeginn in Prozent
t(r) … Zeit bis zum vollständigen Aufladen des Akkus in Minuten bei der Restkapazität r

3.1.1 Die Restkapazität eines Akkus dieses Smartphonemodells beträgt 20 %.
Zeigen Sie, dass die Zeit bis zum vollständigen Aufladen dieses Akkus 72 Minuten beträgt. (2 BE)

3.1.2 Ein Akku dieses Smartphonemodells wird innerhalb einer halben Stunde vollständig aufgeladen.
Ermitteln Sie die Restkapazität des Akkus zu Ladebeginn. (3 BE)

3.1.3 Bestimmen Sie die Nullstelle der Funktion t.
Interpretieren Sie den Wert dieser Nullstelle im Sachzusammenhang. (3 BE)

3.2 Das neue Smartphonemodell wird in den Farben Silber und Weiß produziert. Eine Prognose des Herstellers besagt, dass dieses Modell in 60 % aller Käufe von weiblichen und in 40 % aller Käufe von männlichen Käufern erworben wird. 80 % der weiblichen Käufer kaufen ein weißes Smartphone, 90 % aller männlichen Smartphonekäufer ein silbernes.

Ermitteln Sie aufgrund dieser Prognose, wie hoch der Anteil weißer Smartphones an der Gesamtzahl verkaufter Smartphones sein wird. (3 BE)

3.3 Die Bildschirmdiagonale des neuen Smartphonemodells beträgt 4,5 Zoll (1 Zoll entspricht 2,54 cm).

3.3.1 Zeigen Sie, dass die Bildschirmdiagonale dieses Smartphonemodells 11,43 cm beträgt. (2 BE)

3.3.2 Der rechteckige Bildschirm wird das Format 16:9 haben.
Ermitteln Sie die Höhe und die Breite des Bildschirms. (2 BE)

Teilaufgabe 1.1

- Schneidet der Graph der Funktion f die y-Achse, so ist die x-Koordinate des Schnittpunktes null.
- Durch Einsetzen von $x = 0$ in die Funktionsgleichung $f(x) = 3 \cdot 2^x - 1$ ($x \in \mathbb{R}$) bestimmt man die zugehörige y-Koordinate.
- Der Wertebereich umfasst alle Funktionswerte, die für den gegebenen Definitionsbereich ($x \in \mathbb{R}$) möglich sind.

Teilaufgabe 1.2

- Der Punkt P mit den Koordinaten $P(x\,|\,47)$ muss auf dem Graphen der Funktion f liegen.
- Die Koordinaten des Punktes P müssen die Gleichung der Funktion f erfüllen.

Teilaufgabe 1.3

- Die Koordinaten des Punktes A erfüllen die Funktionsgleichung $f(x) = 3 \cdot 2^x - 1$.
- Es muss demnach gelten:
  $f(-2) = a \cdot 2^{-2} - 1 = -\frac{7}{8}$

Teilaufgabe 2.1

- Von dem Dreieck ABC sind die Längen zweier Seiten und die Größe des von diesen Seiten eingeschlossenen Winkels bekannt.
- Wenden Sie auf das Dreieck ABC den Kosinussatz an.

Teilaufgabe 2.2

1. Möglichkeit

- Betrachten Sie das Dreieck AMC.
- Überlegen Sie, welche Art Dreieck vorliegt.
- Wenden Sie auf das Dreieck AMC den Basiswinkelsatz an.
- Demnach gilt: $\sphericalangle MAC = \sphericalangle ACM = 31{,}0°$
- Verwenden Sie anschließend für das Dreieck AMC den Sinussatz.

2. Möglichkeit

- Den Punkt M erhält man durch die Konstruktion der Mittelsenkrechten der Seiten des Dreiecks ABC.
- Die Mittelsenkrechte m_b halbiert die Seite $b = \overline{AC}$ und steht auf ihr senkrecht.
- Das Dreieck DCM ist rechtwinklig.
- Wenden Sie im Dreieck DCM eine trigonometrische Beziehung an.

Teilaufgabe 2.3

- Berechnen Sie den Flächeninhalt des Dreiecks ABC unter Beachtung der gegebenen Größen.
- Verwenden Sie die Formel $A_{ABC} = \frac{1}{2} \cdot \overline{AC} \cdot \overline{AB} \cdot \sin \sphericalangle BAC$.
- Berechnen Sie den Flächeninhalt des Umkreises.
- Verwenden Sie die Formel $A_{Kreis} = \pi \cdot \overline{MC}^2$.
- Berechnen Sie den Anteil des Dreieckflächeninhalts am Kreisflächeninhalt.
- Bilden Sie das Verhältnis $\frac{A_{ABC}}{A_{Kreis}}$.

Teilaufgabe 3.1.1

- Die mit 20 % gegebene Restkapazität gibt ein Argument r für die Funktion t mit der Gleichung $t(r) = -0{,}0075 \cdot r^2 + 75$ vor.
- Zeigen Sie durch Einsetzen von $r = 20$, dass der zugeordnete Funktionswert $t(20) = 72$ ist.

Teilaufgabe 3.1.2

- Rechnen Sie die gegebene Zeitangabe (eine halbe Stunde) in Minuten um.
- Von der Funktion t(r) ist ein Funktionswert bekannt.
- Ermitteln Sie das zugehörige Argument.
- Es gilt $t(r) = 30$.

Teilaufgabe 3.1.3

- Die Nullstelle der Funktion t ist dasjenige Argument, dessen zugeordneter Funktionswert null ist.
- Setzen Sie $t(r) = 0$.
- Überlegen Sie, was die Aussage $t(r) = 0$ im Sachzusammenhang bedeutet.

Teilaufgabe 3.2

- Veranschaulichen Sie sich den Sachverhalt in einem Baumdiagramm.
- Wenden Sie die Pfadregeln an.

Teilaufgabe 3.3.1

- Die Längenangaben der Bildschirmdiagonalen in Zentimeter bzw. in Zoll stehen in direktem Verhältnis zueinander.

Teilaufgabe 3.3.2

- Gegeben ist ein Rechteck mit den Seiten a und b.
- Die Rechteckseiten haben ein Verhältnis von 9 : 16 zueinander.
- Es muss gelten: $\frac{a}{b} = \frac{9}{16}$
- Die Bildschirmdiagonale teilt das Rechteck in zwei rechtwinklige Dreiecke.
- Wenden Sie auf das rechtwinklige Dreieck den Satz des Pythagoras an.
- Die Hypotenuse des rechtwinkligen Dreiecks ist die Seite d.
- Die Katheten des rechtwinkligen Dreiecks sind die Seiten a und b.
- Setzen Sie d = 11,43 cm ein.
- Ersetzen Sie in der Gleichung eine der Variablen (a oder b).
  Nutzen Sie z. B. $a = \frac{9}{16}b$.

Lösungen zu Teil A

1 ☒ 12,0 m

Erklärung der Lösung:
Der Maßstab gibt das Längenverhältnis einer Strecke in der Zeichnung oder dem Modell (Bildstrecke) zur Strecke in der Wirklichkeit (Originalstrecke) an. Zwischen Bild- und Originalstrecke besteht eine direkte Proportionalität.

	Bildstrecke	Originalstrecke	
$\cdot 2{,}4$	1 m	5 m	$\cdot 2{,}4$
	2,4 m	12,0 m	

2 ☒ 2 m^3

Erklärung der Lösung:
Für den unmittelbaren Vergleich aller Angaben werden diese in dm^3 umgewandelt.
2 m^3 = 2 000 dm^3
20 dm^3
20 ℓ = 20 dm^3
200 cm^3 = 0,2 dm^3
2 000 cm^3 = 2 dm^3
Die größte Volumenangabe ist 2 000 dm^3 = 2 m^3.

3 ☒ 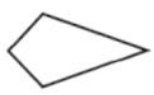 (Drachenviereck)

Erklärung der Lösung:
Laut Definition ist jedes Trapez ein ebenes Viereck mit einem Paar paralleler Seiten. Die fünfte Figur weist kein paralleles Seitenpaar auf. Sie ist deshalb kein Trapez.

4 ☒ $x \cdot (x+2) = 0$

Erklärung der Lösung:
Man kann die zwei gegebenen Lösungen $x_1 = -2$ und $x_2 = 0$ nacheinander in die gegebenen Gleichungen einsetzen und somit systematisch untersuchen, welche Gleichung erfüllt ist.

Einsetzen von $x_2 = 0$	Vergleich mit 0	Einsetzen von $x_1 = -2$	Vergleich mit 0	Entscheidung
$(0)^2 - 4 = -4$	$-4 \neq 0$			trifft nicht zu
$0 + 4 = 4$	$4 \neq 0$			trifft nicht zu
$0 \cdot (0 - 2) = 0$	$0 = 0$	$-2 \cdot (-2 - 2) = 8$	$8 \neq 0$	trifft nicht zu
$0 \cdot (0 + 2) = 0$	$0 = 0$	$-2 \cdot (-2 + 2) = 0$	$0 = 0$	trifft zu
$0^2 - 0 - 2 = -2$	$-2 \neq 0$			trifft nicht zu

Eine andere Möglichkeit, die zugehörige Gleichung zu finden, ist die Umstellung der gegebenen Gleichung, die Ermittlung ihrer Lösungen und der Vergleich mit der Vorgabe.

	Vergleich mit $x_1 = -2$ und $x_2 = 0$
$x^2 - 4 = 0 \quad \vert +4$ $x^2 = 4 \quad \vert \sqrt{}$ $\vert x \vert = 2$ $x_1 = 2 \qquad x_2 = -2$	keine Übereinstimmung
$x^2 + 4 = 0 \quad \vert -4$ $x^2 = -4$ Es existieren keine Lösungen.	keine Übereinstimmung
$x \cdot (x - 2) = 0$ $x_1 = 0 \qquad x_2 = 2$ Ein Produkt ist null, wenn einer der beiden Faktoren null ist.	keine Übereinstimmung
$x \cdot (x + 2) = 0$ $x_1 = 0 \qquad x_2 = -2$	Übereinstimmung
$x^2 - x - 2 = 0 \qquad p = -1; q = -2$ $x_{1/2} = \frac{1}{2} \pm \sqrt{\frac{1}{4} + 2}$ $x_{1/2} = \frac{1}{2} \pm \sqrt{\frac{9}{4}}$ $x_{1/2} = \frac{1}{2} \pm \frac{3}{2}$ $x_1 = 2 \qquad x_2 = -1$	keine Übereinstimmung

5 ☒ $y = 2 \cdot x - 4 \ (x \in \mathbb{R})$

Erklärung der Lösung:
Der Punkt $B(0\,|\,-4)$ gibt den Schnittpunkt des Graphen der linearen Funktion mit der y-Achse an.
Jede lineare Funktion lässt sich durch eine Gleichung folgender Form beschreiben:

$$y = \underbrace{m}_{\text{Anstieg}} \cdot x + \underbrace{n}_{\text{Achsenabschnitt (y-Achse)}}$$

Aufgrund der Koordinaten $x_B = 0$ und $y_B = -4$ des Punktes B ist $n = -4$.
Da der Punkt A ebenfalls auf dem Graphen der Funktion liegt, müssen seine Koordinaten die Funktionsgleichung erfüllen. Durch Einsetzen der Punktkoordinaten in die Funktionsgleichung erhält man die Gleichung der gesuchten Funktion.

$A(2\,|\,0)$

$0 = m \cdot 2 - 4 \quad |+4$

$4 = m \cdot 2 \quad |:2$

$2 = m$

Funktionsgleichung: $y = 2 \cdot x - 4$

6 ☒ $x \geq 1$

Erklärung der Lösung:
Gegeben ist die Gleichung einer quadratischen Funktion. Da sie in Scheitelpunktform vorliegt, lässt sich der Scheitelpunkt S sofort bestimmen: $S(1\,|\,2)$.
Der Scheitelpunkt ist in diesem Fall ein Tiefpunkt, da die Normalparabel nach oben geöffnet sein muss. Erkennbar ist dies daran, dass der Faktor vor dem quadratischen Glied 1 (positiv) ist.
$y = f(x) = 1 \cdot (x-1)^2 + 2$
Daraus lässt sich ableiten, dass der Graph der Funktion für $x \leq 1$ monoton fallend und für $x \geq 1$ monoton steigend ist.

7.1 Höhe des geraden Prismas: $\underline{\underline{h = 10{,}0 \text{ m}}}$

Erklärung der Lösung:
Das Wohnhaus hat die Form eines geraden, fünfseitigen Prismas. Die Grundfläche des Prismas ist das Fünfeck ABFIE. Mit der Länge von $\overline{BC} = 10{,}0$ m ist die Höhe des Prismas festgelegt.

7.2 Der durch die Punkte E, F, G, H, I und J begrenzte Dachraum hat die Form eines dreiseitigen geraden Prismas. Seine Grundfläche wird durch die Punkte E, F, I begrenzt und die Höhe durch die Länge von $\overline{IJ} = 10{,}0\text{ m}$ festgelegt.

$$V = A_G \cdot h$$

V ↑ Volumen des Prismas; A_G ↑ Grundfläche des Prismas; h ↑ Körperhöhe

Der Flächeninhalt der Grundfläche A_G wird mithilfe der Formel zur Berechnung des Flächeninhaltes eines beliebigen Dreiecks berechnet.

$$A_G = \frac{1}{2} \cdot g \cdot h$$

g ↑ Grundseite; h ↑ zugehörige Höhe

$g = \overline{EF} = \overline{AB} = 8{,}0\text{ m}$

$h_g = h - \overline{AE} = 6{,}5\text{ m} - 3{,}5\text{ m} = 3{,}0\text{ m}$

Unter Verwendung der Körperhöhe $h = \overline{IJ} = 10{,}0\text{ m}$ kann das Volumen berechnet werden.

$$V = \frac{1}{\cancel{2}_1} \cdot \cancel{8{,}0}^{4{,}0}\text{ m} \cdot 3{,}0\text{ m} \cdot 10{,}0\text{ m}$$

$$\underline{\underline{V = 120\text{ m}^3}}$$

8 Unter Verwendung der Vorgaben kann man ein lineares Gleichungssystem aufstellen. Unter Nutzung eines Verfahrens (Einsetzungsverfahren, Additionsverfahren, Gleichsetzungsverfahren) werden die Lösungen bestimmt.

Festlegung der Variablen:
x … Kartenanzahl Preisstufe I
y … Kartenanzahl Preisstufe II

Aufstellen des linearen Gleichungssystems:

Die Summe aller gekauften Karten ist 12:

I $12 = x + y$

Der Gesamtpreis aller gekauften Karten beträgt 200 €:

II $200 = 20x + 12y$

Einsetzungsverfahren:

I $12 = x + y \quad | -y$

$12 - y = x$

Einsetzen in II:

$200 = 20 \cdot (12 - y) + 12y$

$200 = 240 - 20y + 12y \quad \big| -240$ und zusammenfassen

$-40 = -8y \quad \big| : (-8)$

$5 = y$

Einsetzen in I:

$12 - 5 = x$

$7 = x$

Ergebnis: Der Schüler kauft 7 Karten der Preisstufe I und 5 Karten der Preisstufe II.

Lösungen zu Teil B

1.1 Schneidet der Graph der Funktion die y-Achse, muss die x-Koordinate des Schnittpunktes null sein. Durch Einsetzen von $x = 0$ bestimmt man die zugehörige y-Koordinate.

$y = f(0) = 3 \cdot 2^0 - 1 = 2$

Ergebnis: Schnittpunkt mit der y-Achse: $S(0\,|\,2)$

Hinweis: Die Schnittpunktkoordinaten können auch mithilfe des GRAPH-Menüs des GTR bestimmt werden.

Veranschaulichung:

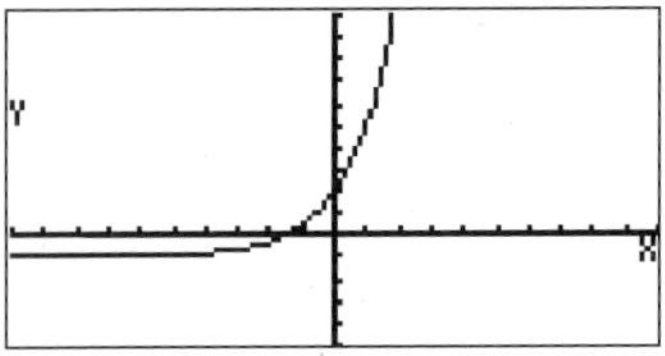

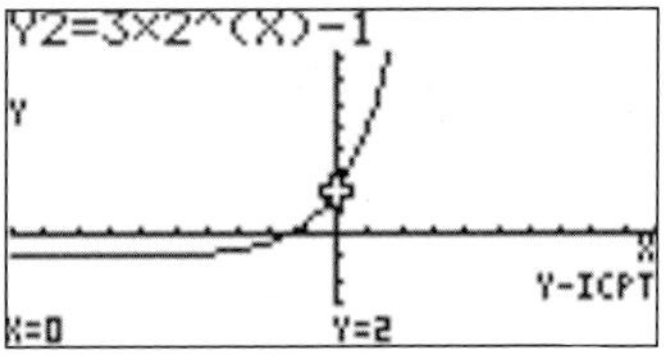

Wertebereich: $y \in \mathbb{R};\ y > -1$

Erklärung der Lösung:
Betrachtet man den Graphen von $f(x) = 3 \cdot 2^x - 1$ $(x \in \mathbb{R})$, so fällt sein asymptotisches Verhalten auf. Die Asymptote ist $y = -1$.
Alle Funktionswerte liegen demzufolge oberhalb von $y = -1$ und man schlussfolgert auf den zugehörigen Wertebereich.

1.2 Gesucht ist das zum Funktionswert 47 zugehörige Argument.

$f(x) = 47$

$47 = 3 \cdot 2^x - 1$

1. Möglichkeit:

Die gesuchte x-Koordinate des Punktes $(x \mid 47)$ kann auf grafischem Weg mithilfe des GRAPH-Menüs des GTR ermittelt werden.
Nach Eingabe der Funktionsgleichung $f(x) = 3 \cdot 2^x - 1$ kann mithilfe des Funktionswerts $y = f(x) = 47$ und des Befehls „x-cal“ der gesuchte x-Wert ermittelt werden.

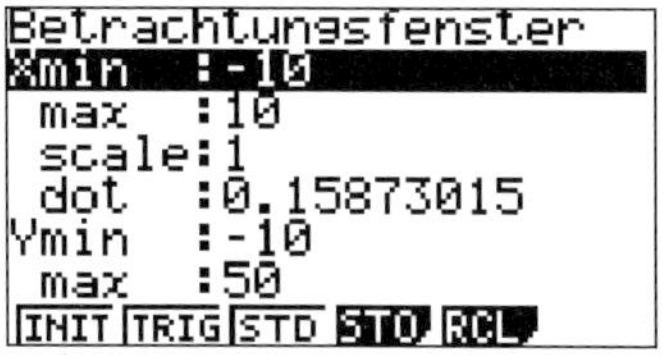

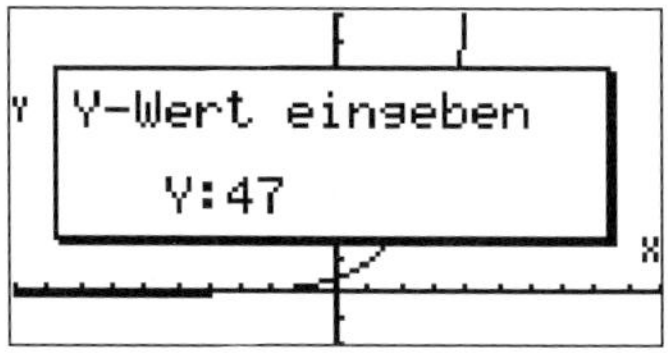

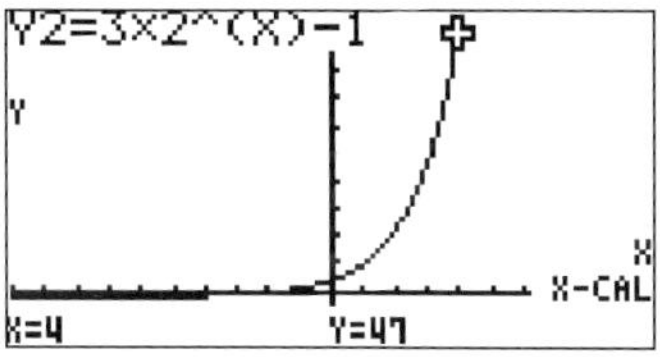

abgelesen $(4 \mid 47)$

Ergebnis: $\underline{\underline{x = 4}}$

Probe: $f(x) = 3 \cdot 2^4 - 1 = 47$

2. Möglichkeit:

Rechnerische Lösung

$47 = 3 \cdot 2^x - 1 \quad | +1$

$48 = 3 \cdot 2^x \quad | :3$

$16 = 2^x$

Variante 1:

$16 = 2^x \quad |$ Anwendung der Definition des Logarithmus

$x = \log_2 16$

$x = 4$

Variante 2:

Exponentenvergleich

$16 = 2^x \quad |$ Basis 2

$2^4 = 2^x$

$4 = x$

1.3 Da der Punkt $A\left(-2 \,\middle|\, -\frac{7}{8}\right)$ auf dem Graphen der Funktion f liegt, müssen seine Koordinaten die Funktionsgleichung erfüllen. Nach dem Einsetzen der Punktkoordinaten in die Gleichung kann durch Umstellen dieser die Lösung für a bestimmt werden.

$$g(-2) = -\frac{7}{8}$$

$$-\frac{7}{8} = a \cdot 2^{-2} - 1 \qquad |+1$$

$$-\frac{7}{8} + 1 = a \cdot \frac{1}{2^2}$$

$$\frac{1}{8} = a \cdot \frac{1}{4} \qquad |\cdot 4$$

$$\frac{\cancel{4}^{1}}{\cancel{8}_{2}} = a$$

Ergebnis: $\underline{\underline{a = \frac{1}{2}}}$

2.1 Vom Dreieck ABC sind zwei Seiten und die Größe des von ihnen eingeschlossenen Winkels gegeben. Die Länge der dritten Seite kann durch die Anwendung des Kosinussatzes berechnet werden.

$$\overline{BC}^2 = \overline{AB}^2 + \overline{AC}^2 - 2 \cdot \overline{AB} \cdot \overline{AC} \cdot \cos\sphericalangle BAC \qquad |\sqrt{\ } \; (\overline{BC} > 0)$$

$$\overline{BC} = \sqrt{(6{,}8\text{ cm})^2 + (6{,}0\text{ cm})^2 - 2 \cdot 6{,}8\text{ cm} \cdot 6{,}0\text{ cm} \cdot \cos 43{,}0^\circ}$$

$$\underline{\underline{\overline{BC} \approx 4{,}7\text{ cm}}}$$

2.2 *1. Möglichkeit:*

Da $\overline{AM} = \overline{CM} = r$ Radien des Umkreises sind, ist das Dreieck AMC gleichschenklig. Nach dem Basiswinkelsatz muss $\sphericalangle ACM = \sphericalangle MAC = 31{,}0°$ sein.
Wird auf das Dreieck AMC der Sinussatz angewendet, kann die Länge von $\overline{CM}$ berechnet werden.

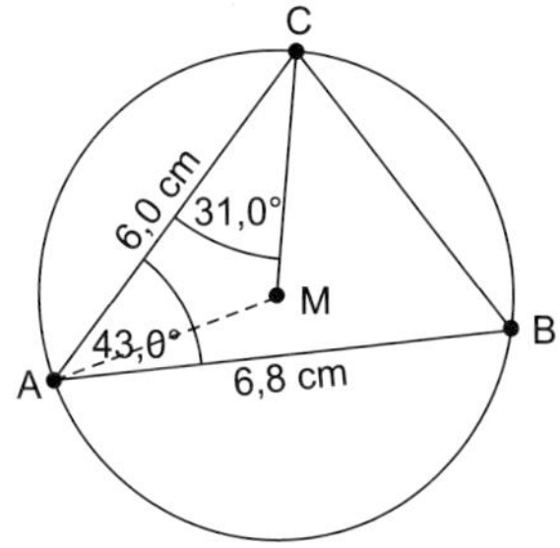

Abbildung (nicht maßstäblich)

$$\frac{\overline{CM}}{\sin\sphericalangle MAC} = \frac{\overline{AC}}{\sin\sphericalangle CMA} \qquad \Big|\cdot \sin\sphericalangle MAC$$

$$\overline{CM} = \frac{\overline{AC}\cdot\sin\sphericalangle MAC}{\sin\sphericalangle CMA}$$

$$\sphericalangle CMA = 180° - 2\cdot 31{,}0° = 118{,}0°$$

Hinweis: Im Dreieck beträgt die Innenwinkelsumme 180°.

$$\overline{CM} = \frac{6{,}0\text{ cm}\cdot\sin 31{,}0°}{\sin 118{,}0°}$$

$$\overline{CM} \approx 3{,}5\text{ cm}$$

Ergebnis: Damit ist gezeigt, dass gilt: $\underline{\underline{\overline{MC} \approx 3{,}5\text{ cm}}}$

2. Möglichkeit:

Der Punkt M ist der Mittelpunkt des Umkreises des Dreiecks ABC.
Den Mittelpunkt M erhält man durch die Konstruktion der Mittelsenkrechten der Seiten des Dreiecks ABC. Die Mittelsenkrechte m_b halbiert die Seite $b = \overline{AC}$ und steht auf ihr senkrecht. Das rechtwinklige Dreieck DMC ist mit seinen Maßen
$\overline{DC} = \frac{\overline{AC}}{2} = 3{,}0\text{ cm}$,
$\sphericalangle ACM = \sphericalangle DCM = 31{,}0°$ und
$\sphericalangle MDC = 90°$ bekannt.

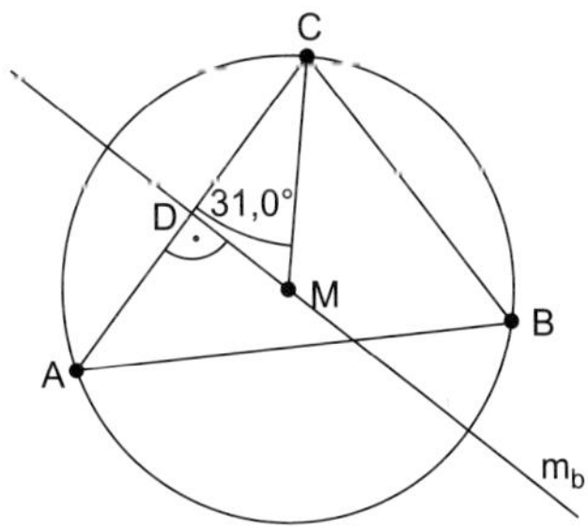

Abbildung (nicht maßstäblich)

Auf das rechtwinklige Dreieck DMC wird eine trigonometrische Beziehung angewandt und $\overline{CM}$ berechnet.

$$\cos\alpha = \frac{\text{Ankathete von }\alpha}{\text{Hypotenuse}}$$

$$\cos\sphericalangle DCM = \frac{\frac{\overline{AC}}{2}}{\overline{CM}} \qquad \Big|\cdot \overline{CM}$$

$$\overline{CM}\cdot\cos\sphericalangle DCM = \frac{\overline{AC}}{2} \qquad \Big|:\cos\sphericalangle DCM$$

$$\overline{CM} = \frac{\frac{\overline{AC}}{2}}{\cos\sphericalangle DCM}$$

$$\overline{CM} = \frac{3{,}0\text{ cm}}{\cos 31{,}0^\circ}$$

$$\overline{CM} \approx 3{,}5\text{ cm}$$

Damit ist gezeigt, dass $\overline{MC} \approx 3{,}5$ cm lang ist.

2.3 Flächeninhalt Dreieck ABC:

$$A_{ABC} = \frac{1}{2}\cdot \overline{AC} \cdot \overline{AB} \cdot \sin\sphericalangle BAC$$

$\overline{AC}$, $\overline{AB}$ ↑ zwei Seiten des Dreiecks; $\sphericalangle BAC$ ↑ von den zwei Seiten eingeschlossener Winkel

$$A_{ABC} = \frac{1}{2}\cdot 6{,}0\text{ cm}\cdot 6{,}8\text{ cm}\cdot\sin 43{,}0^\circ$$

Flächeninhalt Kreis:

$$A_{Kreis} = \pi\cdot r^2$$

r ↑ Radius des Kreises, hier $r = \overline{CM}$

$$A_{Kreis} \approx \pi\cdot(3{,}5\text{ cm})^2$$

Der prozentuale Anteil des Flächeninhaltes des Dreiecks ABC am Flächeninhalt seines Umkreises ergibt sich aus dem Anteil des Dreiecksflächeninhaltes zum Gesamtflächeninhalt (Kreis).

$$\frac{A_{ABC}}{A_{Kreis}} = \frac{\frac{1}{2}\cdot 6{,}0\text{ cm}\cdot 6{,}8\text{ cm}\cdot\sin 43{,}0^\circ}{\pi\cdot(3{,}5\text{ cm})^2}$$

$$\frac{A_{ABC}}{A_{Kreis}} \approx 0{,}36$$

Ergebnis: Das Dreieck ABC nimmt rund 36 % der Kreisfläche ein.

3.1.1 Mit der Restkapazität r = 20 % ist ein Argument für die Funktion t mit der Gleichung $t(r) = -0{,}0075r^2 + 75$ ($r \in \mathbb{R}$; $0 \leq r \leq 100$) gegeben. Der zugehörige Funktionswert wird durch Einsetzen berechnet.

$$t(20) = -0{,}0075 \cdot 20^2 + 75$$
$$t(20) = 72$$

Ergebnis: Hiermit ist gezeigt, dass die Zeit bis zum vollständigen Aufladen des Akkus bei einer Restkapazität von 20 % 72 min beträgt.

3.1.2 Wird der Akku innerhalb einer halben Stunde aufgeladen, muss der Funktionswert der gegebenen Funktion $t(r) = \frac{1}{2}\,h = 30\text{ min}$ betragen. Gesucht ist das zugehörige Argument.

1. Möglichkeit:
Rechnerische Lösung

$$\begin{aligned} 30 &= -0{,}0075 \cdot r^2 + 75 && \mid -75 \\ -45 &= -0{,}0075 \cdot r^2 && \mid :(-0{,}0075) \\ 6\,000 &= r^2 && \mid \sqrt{\ } \text{ und } r > 0 \\ 20\sqrt{15} &= r \\ r &\approx 77{,}5\ \% \end{aligned}$$

2. Möglichkeit:
Ermitteln der Lösung mithilfe des GRAPH-Menüs des GTR
Die Funktionsgleichung wird mit $f(x) = -0{,}0075 \cdot x^2 + 75$ eingegeben. Über den Befehl „x-cal" wird der gegebene Funktionswert y = 30 eingegeben und das zugehörige Argument ermittelt.

Hinweis: Eine geeignete Fenstereinstellung zeigt das erste Bild.

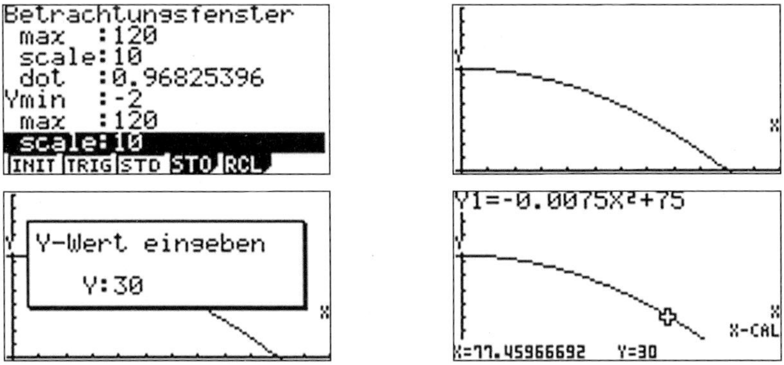

Ergebnis: Die Restkapazität des Akkus betrug zu Ladebeginn rund 77,5 %.

3.1.3 Die Nullstelle der Funktion ist dasjenige Argument r, dessen zugeordneter Funktionswert f(r) null ist. Setzt man in der gegebenen Funktionsgleichung $f(r) = 0$, kann die Nullstelle r_N ermittelt werden.

1. Möglichkeit:
Berechnung der Nullstelle durch Umstellen der Gleichung

$$\begin{aligned} 0 &= -0{,}0075 \cdot r_N^2 + 75 && \mid -75 \\ -75 &= -0{,}0075 \cdot r_N^2 && \mid :(-0{,}0075) \\ 10\,000 &= r_N^2 && \mid \sqrt{\ } \text{ und } r > 0 \\ 100 &= r_N \end{aligned}$$

2. Möglichkeit:
Bestimmung der Nullstelle mithilfe des GRAPH-Menüs des GTR
Nach Eingabe der Funktionsgleichung wählt man eine geeignete Fenstereinstellung und kann über den Befehl „ROOT“ die Nullstelle ermitteln.

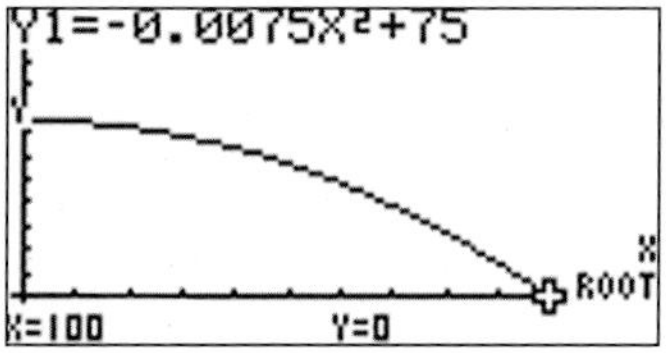

abgelesen: N(100 | 0)

Ergebnis: Die Nullstelle der Funktion ist 100.

Interpretation: Es vergeht keine Zeit (0 min) bis zum vollständigen Aufladen des Akkus, da der Akku bereits zu 100 % geladen ist.

3.2 Baumdiagramm zum Sachverhalt:

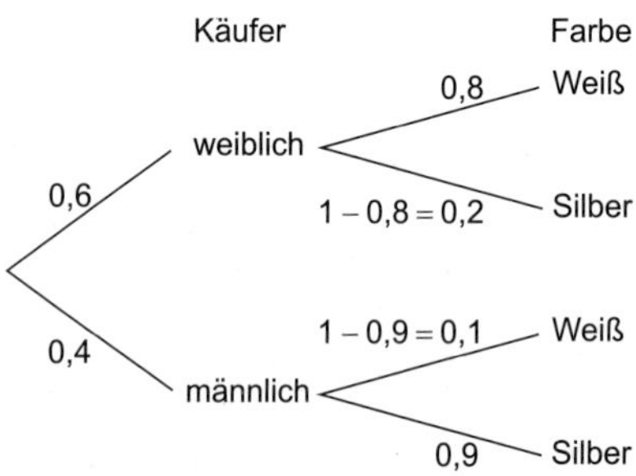

Gesucht ist der Anteil der verkauften weißen Smartphones an der Gesamtzahl verkaufter Smartphones. Unter Verwendung der Pfadmultiplikations- und -summenregel wird die Wahrscheinlichkeit und damit der prozentuale Anteil berechnet.

$P(\text{weiß}) = 0{,}6 \cdot 0{,}8 + 0{,}4 \cdot 0{,}1 = 0{,}52$

Ergebnis: Der Anteil weißer Smartphones am Verkauf beträgt 52 %.

3.3.1 Aufgrund der direkten Proportionalität der Größen kann die Länge der Bildschirmdiagonale berechnet werden.

	Längenangabe in Zoll	Längenangabe in cm	
$\cdot 4{,}5$	1	2,54	$\cdot 4{,}5$
	4,5	11,43	

Ergebnis: Damit ist gezeigt, dass die Bildschirmdiagonale $\underline{\underline{11{,}43\text{ cm}}}$ lang ist.

3.3.2 Aufgrund des Sachverhaltes ist die Bildschirmdiagonale die Hypotenuse d in einem rechtwinkligen Dreieck, dessen Katheten mit a und b bezeichnet werden.

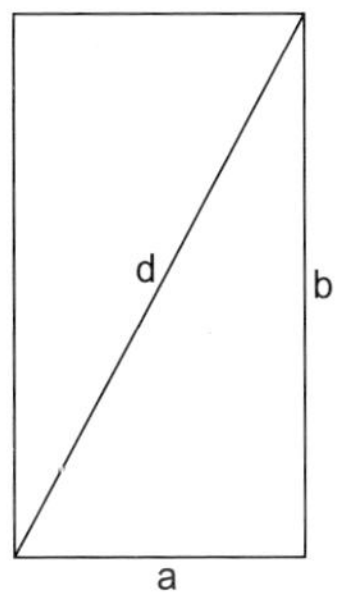

Das vorgegebene Bildschirmformat 16 : 9 liefert das Verhältnis der beiden Katheten zueinander.

$$\frac{a}{b} = \frac{9}{16} \qquad \big| \cdot b$$

$$a = \frac{9}{16} \cdot b$$

Auf das rechtwinklige Dreieck kann der Satz des Pythagoras angewendet werden.

$$d^2 = a^2 + b^2 \qquad \big| \; d = 11{,}43\text{ cm};\;\; a = \frac{9}{16} \cdot b \;\; \text{einsetzen}$$

$$(11{,}43)^2 = \left(\frac{9}{16} \cdot b\right)^2 + b^2$$

1. Möglichkeit:
Ermitteln der Lösung unter Verwendung des RUN-Menüs des GTR
Man gibt die Funktionsgleichung $(11{,}43)^2 = \left(\frac{9}{16}x\right)^2 + x^2$ ein und ermittelt mithilfe des „Solve"-Befehls den gesuchten x-Wert.

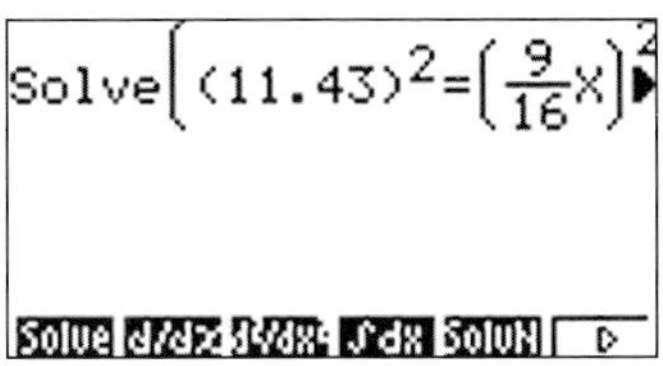

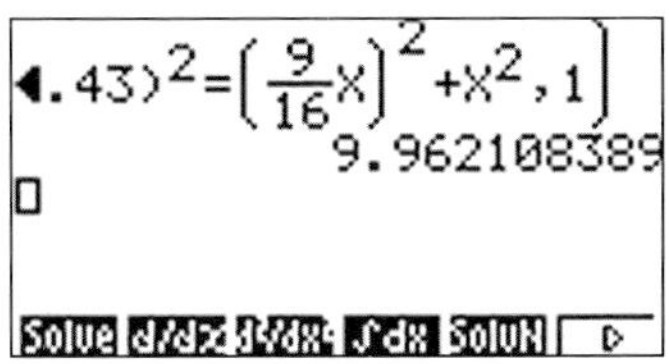

$b = x \approx 9{,}96$

2. Möglichkeit:
Rechnerische Lösung

$$(11{,}43)^2 = \frac{81}{256} \cdot b^2 + b^2$$

$$(11{,}43)^2 = \frac{337}{256} \cdot b^2 \qquad \left|\sqrt{} \text{ und } b > 0\right.$$

$$11{,}43 = \sqrt{\frac{337}{256}} \cdot b \qquad \left|:\sqrt{\tfrac{337}{256}} \text{ und Seitentausch}\right.$$

$$b \approx 9{,}96$$

a wird durch Einsetzen der Lösung für b in die Gleichung bestimmt:

$$a = \frac{9}{16} \cdot 9{,}96 \approx 5{,}6$$

Ergebnis: Der Bildschirm ist rund 10,0 cm (3,9 Zoll) hoch und 5,6 cm (2,2 Zoll) breit.

Hinweis: Wird mit $d = 4{,}5$ Zoll (gegebene Größe) gerechnet, erhält man die Maße des Bildschirms in Zoll (siehe Klammernangabe im Ergebnis).

Besondere Leistungsfeststellung Mathematik Sachsen
2019

Teil A

(ohne Nutzung von Tabellen- und Formelsammlung sowie Taschenrechner)

In den Aufgaben 1 bis 6 ist von den jeweils fünf Auswahlmöglichkeiten genau eine Antwort richtig. Kreuzen Sie das jeweilige Feld an.

1 Welche der folgenden Funktionen mit $x \in D_f$ ist eine Exponentialfunktion? (1 BE)

☐ $f(x) = 2 \cdot x + 3$ ☐ $f(x) = x^2 + 1$ ☐ $f(x) = x^3$ ☐ $f(x) = 2^x$ ☐ $f(x) = \frac{1}{x^2}$

2 Die Funktion f mit $f(x) = \frac{1}{x-2}$ besitzt den größtmöglichen Definitionsbereich: (1 BE)

☐ $\{x \mid x \in \mathbb{R}, x \leq -2\}$ ☐ $\{x \mid x \in \mathbb{R}, x \neq -2\}$ ☐ $\{x \mid x \in \mathbb{R}, x \neq 0\}$ ☐ $\{x \mid x \in \mathbb{R}, x \neq 2\}$ ☐ $\{x \mid x \in \mathbb{R}, x \geq 2\}$

3 Die Lösungen der Gleichung $x^2 - 4 \cdot x - 2 = 0$ sind: (1 BE)

☐ $x_1 = -4 + \sqrt{18}$, $x_2 = -4 - \sqrt{18}$ ☐ $x_1 = 4 + \sqrt{18}$, $x_2 = 4 - \sqrt{18}$ ☐ $x_1 = -2 + \sqrt{6}$, $x_2 = -2 - \sqrt{6}$ ☐ $x_1 = 2 + \sqrt{6}$, $x_2 = 2 - \sqrt{6}$ ☐ $x_1 = 2 + \sqrt{2}$, $x_2 = 2 - \sqrt{2}$

4 Welches lineare Gleichungssystem besitzt mit $x \in \mathbb{R}$ und $y \in \mathbb{R}$ keine Lösung? (1 BE)

☐ $\left| \begin{array}{l} y = 2 \cdot x + 1 \\ y = -2 \cdot x + 1 \end{array} \right|$ ☐ $\left| \begin{array}{l} y = 2 \cdot x + 1 \\ y = 2 \cdot x + 1 \end{array} \right|$ ☐ $\left| \begin{array}{l} y = 2 \cdot x + 1 \\ y = 2 \cdot x - 1 \end{array} \right|$ ☐ $\left| \begin{array}{l} y = 3 \cdot x - 4 \\ y = 2 \cdot x + 3 \end{array} \right|$ ☐ $\left| \begin{array}{l} y = 1 \\ x = 2 \end{array} \right|$

5 Ein Rechteck wird mit 16 gleich großen Quadraten vollständig und ohne Überlappungen ausgelegt.
Wie viele gleich große Quadrate mit halb so langen Seiten sind notwendig, um dasselbe Rechteck vollständig und ohne Überlappungen auszulegen? (1 BE)

☐	☐	☐	☐	☐
4	8	32	64	128

6 Gegeben sind drei von vier Messwerten: 1,20 m; 1,80 m und 1,40 m.
Das arithmetische Mittel der vier Messwerte beträgt 1,50 m.
Der vierte Messwert ist: (1 BE)

☐	☐	☐	☐	☐
1,50 m	1,60 m	2,10 m	3,00 m	4,40 m

7 Vereinfachen Sie folgenden Term so weit wie möglich: $6 \cdot x^5 \cdot \left(-\frac{1}{2}\right) \cdot x^4$. (2 BE)

8 Die nebenstehende maßstäbliche Abbildung zeigt ein achteckiges Glücksrad in einem Koordinatensystem mit dem Koordinatenursprung O.
Alle Eckpunkte des Achtecks haben ausschließlich ganzzahlige Koordinaten.

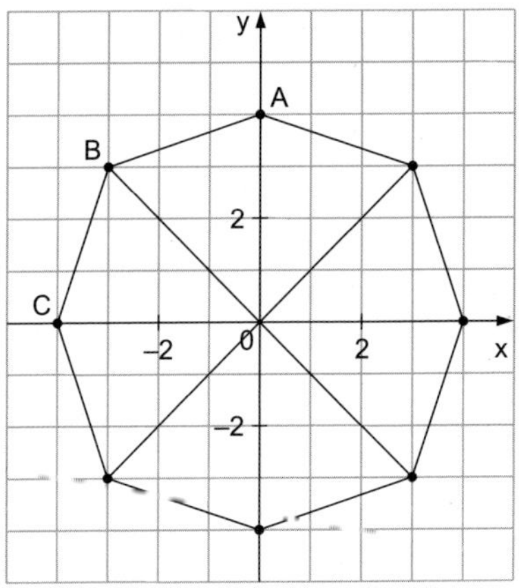

8.1 Geben Sie die Koordinaten des Punktes C an (1 BE)

____

8.2 Die Punkte A und B liegen auf einer Geraden.
Geben Sie eine Gleichung dieser Geraden an. (2 BE)

____

8.3 Begründen Sie, dass die Dreiecke COB und BOA den gleichen Flächeninhalt haben. (2 BE)

8.4 Nur das Dreieck COB des Glücksrades ist rot gefärbt. Das Glücksrad wird zweimal gedreht.
Berechnen Sie die Wahrscheinlichkeit dafür, dass dabei keinmal die Farbe Rot erzielt wird. (2 BE)

Teil B

1 Für $x \in \mathbb{R}$ und $0 \le x \le 2 \cdot \pi$ ist die Funktion f mit $y = f(x) = 1{,}5 \cdot \sin(2 \cdot x)$ gegeben.

1.1 Geben Sie die Koordinaten eines lokalen Maximumpunktes des Graphen von f im vorgegebenen Definitionsbereich an. (2 BE)

1.2 Bestimmen Sie den Abstand der beiden lokalen Maximumpunkte des Graphen von f im vorgegebenen Definitionsbereich.
Geben Sie die Bedeutung dieses Abstandes für die Funktion f an. (3 BE)

1.3 Geben Sie den Wertebereich von f an. (1 BE)

1.4 Es gibt lineare Funktionen, deren Graph jeweils durch den Punkt $P\left(0 \,\middle|\, \frac{3}{2}\right)$ verläuft und mit dem Graphen von f im vorgegebenen Definitionsbereich genau einen Punkt gemeinsam hat.
Geben Sie eine mögliche Funktionsgleichung einer solchen linearen Funktion an. (2 BE)

2 Eine gerade Pyramide mit quadratischer Grundfläche besitzt die Höhe 80 cm. Die Seitenlänge der Grundfläche beträgt 50 cm.

2.1 Berechnen Sie das Volumen dieser Pyramide.
Geben Sie dieses Volumen in Liter an. (3 BE)

2.2 Berechnen Sie die Größe der Oberfläche dieser Pyramide. (4 BE)

3 Ein Künstler stellt im Panometer Leipzig ein 360°-Panoramabild vom Wrack der Titanic aus.
Das Panometer hat die Form eines geraden oben offenen Kreiszylinders mit aufgesetztem Kuppeldach.
Abbildung 1 zeigt den zur Grundfläche des Panometers senkrechten Schnitt durch den Mittelpunkt der Grundfläche des Panometers in einem Koordinatensystem (1 Längeneinheit entspricht 1 Meter).

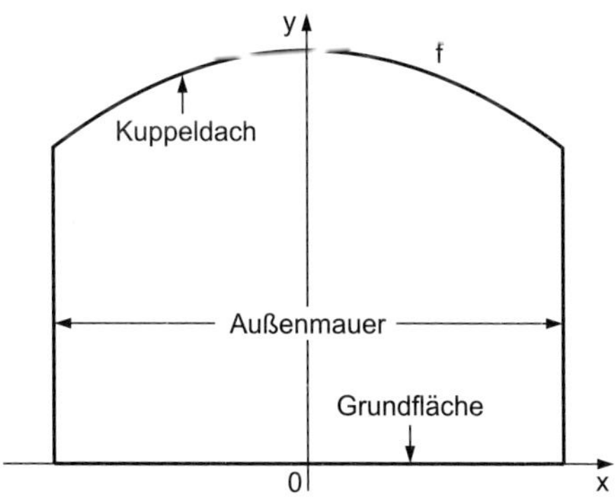

Abbildung 1 (nicht maßstäblich)

Der Mittelpunkt der Grundfläche des Panometers liegt im Koordinatenursprung O.
Die Schnittlinie des Kuppeldachs kann durch den Graphen der Funktion f mit $y = f(x) = -0{,}0124 \cdot x^2 + 40{,}0 \; (x \in D_f)$
beschrieben werden.

3.1 Ermitteln Sie die maximale Höhe des Panometers. (2 BE)

3.2 Die Außenmauer des Panometers ist 30,0 m hoch.
Bestimmen Sie den Durchmesser der Grundfläche des Panometers. (3 BE)

Im Inneren des Panometers befindet sich das Panoramabild. Das Panoramabild hat eine Höhe von 32,0 m und besitzt die Form der Mantelfläche eines geraden Kreiszylinders mit dem Grundkreisradius 16,7 m. Abbildung 2 zeigt das Panometer mit Panoramabild im senkrechten Schnitt durch den Mittelpunkt der Grundfläche des Panometers und senkrecht von oben betrachtet.

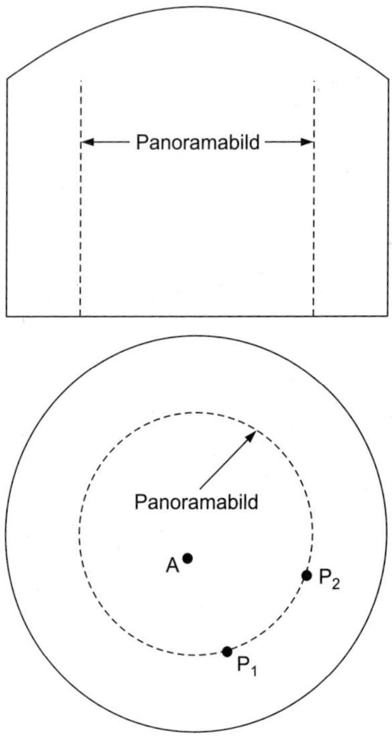

Abbildung 2 (nicht maßstäblich)

3.3 Berechnen Sie den Flächeninhalt des Panoramabildes. (2 BE)

3.4 Im Innenraum des Panoramabildes befindet sich im Punkt A das Objektiv einer Kamera. Die Punkte P_1 und P_2 befinden sich auf dem Panoramabild und liegen gemeinsam mit dem Punkt A in gleicher Höhe über der Grundfläche des Panometers.
Es gilt:
$\overline{AP_1} = 15{,}8\ \text{m}$, $\overline{AP_2} = 17{,}1\ \text{m}$
und $\overline{P_1P_2} = 9{,}7\ \text{m}$.
Der Öffnungswinkel des Objektivs der Kamera beträgt 37°.
Untersuchen Sie, ob das Objektiv der Kamera die Punkte P_1 und P_2 gleichzeitig erfassen kann. (4 BE)

3.5 Zum Zeitpunkt des Untergangs der Titanic waren insgesamt 2 224 Menschen an Bord. Die Tabelle stellt die Verteilung dieser Menschen auf die einzelnen Personengruppen und den prozentualen Anteil der Geretteten an der jeweiligen Personengruppe dar.

Personengruppe	Anteil der Personengruppe in Prozent	Gerettete der Personengruppe in Prozent
Kinder	4,9	51,4
Frauen	19,1	74,4
Männer	76,0	20,0

3.5.1 Ermitteln Sie die Anzahl der Kinder an Bord der Titanic zum Zeitpunkt des Untergangs. (2 BE)

3.5.2 Bestimmen Sie die Anzahl der geretteten Frauen beim Untergang der Titanic. (2 BE)

Teilaufgabe 1.1

- Die Koordinaten eines lokalen Maximumpunktes des Graphen von f können mit dem GTR mithilfe des Befehls „MAX“ nach Eingabe der Funktionsgleichung $y = f(x) = 1{,}5 \cdot \sin(2 \cdot x)$ und Einstellung des Bereiches $0 \le x \le 2\pi$ (V-Window) mithilfe des GRAPH-Menüs ermittelt werden.
- Beachten Sie die Einstellung auf das Bogenmaß (SET UP).

Teilaufgabe 1.2

- Bestimmen Sie die Koordinaten des zweiten Maximumpunktes ebenso wie für den ersten Maximumpunkt in Teilaufgabe 1.1 beschrieben.
- Der Abstand der beiden lokalen Maximumpunkte ist $\frac{5}{4}\pi - \frac{1}{4}\pi = \frac{4}{4}\pi = \pi$.
- Vergleichen Sie diesen Wert mit der kleinsten Periode der Funktion.
- Die kleinste Periode der Funktion ist $\frac{2\pi}{2} = \pi$.

Teilaufgabe 1.3

- Betrachten Sie den Bereich, in dem sich alle Funktionswerte der Funktion für $[0; 2\pi]$ befinden.

Teilaufgabe 1.4

- Der Punkt $P\left(0 \,\middle|\, \frac{3}{2}\right)$ liegt auf der y-Achse.
- Jede lineare Funktion hat die allgemeine Gleichung $y = f(x) = m \cdot x + n$.
- Es besteht ein Zusammenhang zwischen den Koordinaten des Schnittpunktes mit der y-Achse und dem Absolutglied n.
- Die Variable n in der Gleichung wird auch als y-Achsenabschnitt bezeichnet.
- Für diesen gilt demnach $n = \frac{3}{2}$.
- Jede Gerade parallel zur x-Achse durch den Punkt $P\left(0 \,\middle|\, \frac{3}{2}\right)$ schneidet den Graphen der Funktion in zwei Punkten, den Hochpunkten (Maximumpunkten).
- Der Anstieg m muss so gewählt werden, dass der Graph der linearen Funktion monoton fallend ist und den anderen Graphen nur einmal schneidet.

Teilaufgabe 2.1

- Das Volumen einer geraden Pyramide kann mithilfe der Formel $V = \frac{1}{3} A_G \cdot h$ berechnet werden.
- Die Grundfläche A_G ist ein Quadrat mit der Seitenlänge a.
- Die Pyramidenhöhe h ist ebenfalls bekannt.
- Das Volumen wird in Kubikdezimetern angegeben.
- Es gilt $1\ dm^3 = 1\ \ell$.

Teilaufgabe 2.2

- Die Oberfläche der Pyramide kann mit der Formel

$$A_O = \underset{\text{Grundfläche}}{\underset{\uparrow}{A_G}} + \underset{\text{Mantelfläche}}{\underset{\uparrow}{A_M}}$$

  ermittelt werden.
- Die Grundfläche ist aus Teilaufgabe 2.1 bekannt.
- Die Mantelfläche setzt sich aus vier Dreiecken zusammen.
- Diese sind kongruent.
- Der Flächeninhalt eines Dreiecks ist $A_\triangle = \frac{1}{2} \cdot a \cdot h_a$.
- Die Grundseite a im Dreieck beträgt 50 cm.
- Die zugehörige Höhe für dieses Dreieck muss berechnet werden.
- Man findet ein rechtwinkliges Dreieck in der Pyramide, dessen Kathetenlängen bekannt sind.
- Eine Kathete ist 80 cm lang, die andere Kathete $\frac{1}{2} \cdot 50$ cm.
- Die zur Grundseite zugehörige Höhe h_a kann durch Anwendung des Satzes von Pythagoras ermittelt werden.

Teilaufgabe 3.1

- Die gegebene Funktion f mit der Gleichung $y = f(x) = -0{,}0124x^2 + 40{,}0$ ($x \in \mathbb{D}_f$) ist eine quadratische Funktion.
- Ihr Graph ist eine nach unten geöffnete Parabel. Dies erkennt man am Koeffizienten von x^2 ($-0{,}0124$).
- Aufgrund der Achsensymmetrie liegt der Hochpunkt des Graphen auf der y-Achse.

Teilaufgabe 3.2

- Der Abstand der beiden Außenmauern ist der Durchmesser des Grundkreises.
- Er ist genauso lang wie die Entfernung der zwei Punkte, in denen der Funktionsgraph f in der Zeichnung auf die Senkrechten (Außenmauern) trifft.
- Dieser Abstand ergibt sich aus der Entfernung der zwei Argumente, für die $f(x) = 30{,}0$ gilt.

Teilaufgabe 3.3

- Das Panoramabild wird auf die Mantelfläche eines Kreiszylinders projiziert.
- Seine Maße sind mit $r = 16{,}7$ m und $h = 32{,}0$ m gegeben.
- Zu nutzen ist die Formel zur Berechnung der Mantelfläche eines Kreiszylinders.
- Sie lautet $A_M = 2 \cdot \pi \cdot r \cdot h$.

Teilaufgabe 3.4

- Von den gegebenen 4 Größen werden für das Dreieck AP_1P_2 drei ausgewählt.
- Für einen effektiven Lösungsweg sollte man $\overline{AP_1} = 15{,}8\text{ m}$, $\overline{AP_2} = 17{,}1\text{ m}$ und $\alpha = \sphericalangle(\overline{AP_1}; \overline{AP_2}) = 37°$ wählen.
- Man wendet den Kosinussatz an.
- Es wird die Länge von $\overline{P_1P_2}$ berechnet.
- Die berechnete Länge von $\overline{P_1P_2}$ wird mit der gegebenen von 9,7 m verglichen.

Teilaufgabe 3.5.1

- 4,9 % von 2 224 Menschen an Bord der Titanic waren Kinder.
- Dieser Anteil $\left(4{,}9\ \% = \frac{4{,}9}{100}\right)$ wird berechnet.
- Aufgrund des proportionalen Zusammenhanges kann auch der Dreisatz angewendet werden.

Teilaufgabe 3.5.2

- 19,1 % von 2 224 Menschen an Bord der Titanic waren Frauen.
- Von diesem Anteil wird ein weiterer Anteil gesucht. 74,4 % von den Frauen, die an Bord waren, wurden gerettet.
- Auch hier kann der Dreisatz angewendet werden.

1 ☒ $f(x) = 2^x$

Erklärung der Lösung:
Funktionen mit der Funktionsgleichung $y = a^x$ $(a > 0)$ heißen Exponentialfunktionen, da das Argument x im Exponenten des Funktionsterms steht.

2 ☒ $D_f = \{x \mid x \in \mathbb{R};\ x \neq 2\}$

Erklärung der Lösung:
Der Definitionsbereich einer Funktion umfasst alle Argumente (Einsetzungen für x), für die der Funktionsterm definiert ist. Gegeben ist der Quotient $\frac{1}{x-2}$.
Für $x = 2$ erhält man den nicht definierten Ausdruck $\frac{1}{2-2} = \frac{1}{0}$.
Deshalb muss die 2 als Einsetzung für x ausgeschlossen werden.
Für alle anderen reellen Zahlen gibt es keine Einschränkungen.

3 ☒ $x_1 = 2 + \sqrt{6};\ x_2 = 2 - \sqrt{6}$

Erklärung der Lösung:
Die quadratische Gleichung $x^2 - 4 \cdot x - 2 = 0$ hat die Struktur $x^2 + px + q = 0$ und kann mithilfe der Formel $x_{1,2} = -\frac{p}{2} \pm \sqrt{\left(\frac{p}{2}\right)^2 - q}$ gelöst werden.

$p = -4;\ q = -2$

$$x_{1/2} = -\frac{-4}{2} \pm \sqrt{\left(\frac{-4}{2}\right)^2 - (-2)}$$

$$x_{1/2} = 2 \pm \sqrt{4 + 2}$$

$$x_{1/2} = 2 \pm \sqrt{6}$$

4 ☒ $\left|\begin{array}{l} y = 2x + 1 \\ y = 2x - 1 \end{array}\right|$

Erklärung der Lösung:
In Feld 5 ist die Lösung $y = 1$ und $x = 2$ bereits vorgegeben, sodass es für die weiteren Betrachtungen entfallen kann.
Jede der in den Feldern 1 bis 4 angegebenen Gleichungen kann als lineare Funktion der Form $y = m \cdot x + n$ aufgefasst werden, deren Graph im Koordinatensystem eine Gerade ist. Dabei ist m der Anstieg der Funktion und n der y-Achsenabschnitt (auch absolutes Glied genannt).
Zwei Geraden können im Koordinatensystem verschieden zueinander liegen. In der Tabelle sind die Lagemöglichkeiten und ihre Merkmale bez. m und n dargestellt.

	1. Fall	2. Fall	3. Fall
Lagebeziehung	Die Geraden schneiden einander.	Die Geraden sind identisch.	Die Geraden liegen parallel zueinander.
Aussage zu m	Die Anstiege sind nicht gleich.	Die Anstiege stimmen überein.	Die Anstiege stimmen überein.
Aussage zu n	Für n gibt es keine Einschränkungen.	Auch n muss gleich sein.	Das Absolutglied n muss verschieden sein.
Lösung des linearen Gleichungssystems und geometrische Interpretation	Es existiert eine Lösung. Die Geraden haben einen Punkt – den Schnittpunkt – gemeinsam.	Es existieren unendlich viele Lösungen. Die Geraden haben alle Punkte gemeinsam.	Es gibt keine Lösung. Die Geraden haben keine gemeinsamen Punkte.
Aufgabenbeispiel	Felder 1 und 4	Feld 2	Feld 3

5 ☒ 64

Erklärung der Lösung:
Werden die Seiten des Quadrates halbiert, so passen vier kleine Quadrate in das Ausgangsquadrat.
16 große Quadrate muss man durch $16 \cdot 4 = 64$ kleine Quadrate mit halber Seitenlänge ersetzen.

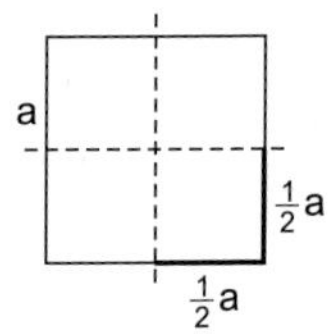

6 ☒ 1,60 m

Erklärung der Lösung:
Das arithmetische Mittel ist der Quotient aus der Summe aller Messwerte und ihrer Anzahl.
Für das Beispiel müsste gelten:

$$\frac{1{,}20\text{ m} + 1{,}80\text{ m} + 1{,}40\text{ m} + x}{4} = 1{,}50\text{ m}$$

1. Möglichkeit:
Zwei Messwerte ergeben bereits das arithmetische Mittel:

$$\frac{1{,}20\text{ m} + 1{,}80\text{ m}}{2} = 1{,}50\text{ m}$$

Sie weichen beide um 0,30 m nach oben bzw. unten ab:
$1{,}50\text{ m} - 0{,}30\text{ m} = 1{,}20\text{ m}$
$1{,}50\text{ m} + 0{,}30\text{ m} = 1{,}80\text{ m}$

Das Gleiche muss auch für $\frac{1{,}40\text{ m} + x}{2} = 1{,}50\text{ m}$ gelten.

Daher folgt:

$1{,}50\text{ m} - 0{,}10\text{ m} = 1{,}40\text{ m}$

$1{,}50\text{ m} + 0{,}10\text{ m} = 1{,}60\text{ m}$

2. Möglichkeit:

Die Variable x kann auch aus der Umstellung obiger Gleichung bestimmt werden.

$$\frac{1{,}20\text{ m} + 1{,}80\text{ m} + 1{,}40\text{ m} + x}{4} = 1{,}50\text{ m} \quad \Big| \cdot 4$$

$$1{,}20\text{ m} + 1{,}80\text{ m} + 1{,}40\text{ m} + x = 6{,}00\text{ m} \quad \Big| -4{,}40\text{ m}$$

$$4{,}40\text{ m} + x = 6{,}00\text{ m}$$

$$x = 1{,}60\text{ m}$$

7 $6 \cdot x^5 \cdot \left(-\frac{1}{2}\right) \cdot x^4 \quad |\text{ordnen}$

$$= -\overset{3}{\cancel{6}} \cdot \frac{1}{\underset{1}{\cancel{2}}} \cdot x^5 \cdot x^4$$

$$= -3 \cdot x^{5+4} \quad |\text{Potenzgesetz anwenden}$$

$$= -3x^9$$

Potenzgesetz:

Potenzen mit gleicher Basis werden multipliziert, indem man die Exponenten addiert und die Basis beibehält.

8.1 $C(-4 \mid 0)$

8.2 g: $y = \frac{1}{3}x + 4$

Erklärung der Lösung:

Die Gerade g, die durch die Punkte A und B verläuft, kann als Graph einer linearen Funktion der Form

$y = m \cdot x + n$ aufgefasst werden.

m ↑ Anstieg

n ↑ y-Achsenabschnitt (Aus dem Schnittpunkt mit der y-Achse ablesbar, da f (0) = n.)

Die Gerade g schneidet im Punkt $A(0 \mid 4)$ die y-Achse, n muss demzufolge 4 sein.

Der Punkt B(–3 | 3) liegt auf dem Graphen der linearen Funktion, seine Koordinaten müssen die Funktionsgleichung erfüllen. Durch Einsetzen der Koordinaten des Punktes B in die Funktionsgleichung und durch Umstellung dieser wird der Anstieg m ermittelt.

$$3 = -3 \cdot m + 4 \quad |-4$$
$$3 - 4 = -3 \cdot m$$
$$-1 = -3 \cdot m \quad |:(-3)$$
$$\frac{1}{3} = m$$

Weitere Möglichkeit:
Der Anstieg m wäre auch über das Anstiegsdreieck aus der maßstäblichen Zeichnung ablesbar.

$$m = \frac{\Delta y}{\Delta x}$$

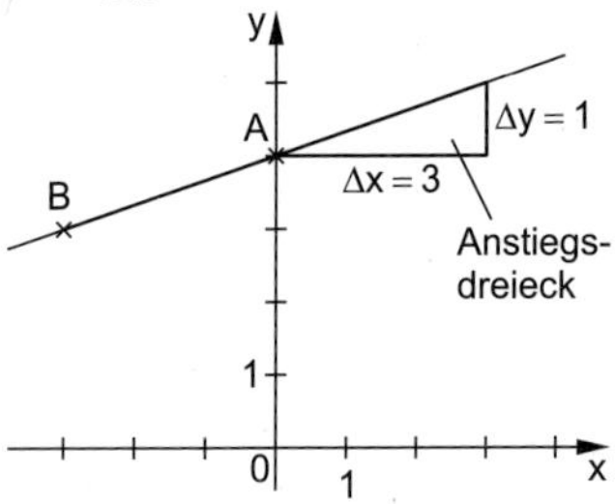

8.3 Der Flächeninhalt eines Dreiecks wird mithilfe der Formel

$$A = \frac{1}{2} \cdot \underset{\substack{\uparrow \\ \text{Grundseite} \\ \text{des Dreiecks}}}{g} \cdot \underset{\substack{\uparrow \\ \text{zugehörige} \\ \text{Höhe}}}{h}$$

ermittelt.

Für das Dreieck COB gilt:

$$A = \frac{1}{2} \cdot \overline{CO} \cdot \overline{BK}$$
$$A = \frac{1}{2} \cdot 4 \cdot 3$$

Für das Dreieck BOA gilt:

$$A = \frac{1}{2} \cdot \overline{AO} \cdot \overline{BL}$$
$$A = \frac{1}{2} \cdot 4 \cdot 3$$

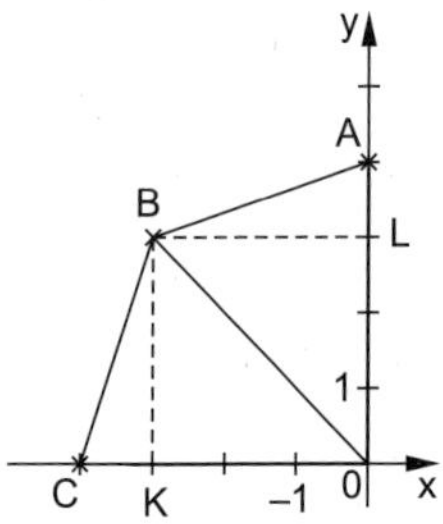

Die Dreiecke stimmen in der Grundseitenlänge g und in der Länge der g zugehörigen Höhe überein.
Sie haben deshalb den gleichen Flächeninhalt.

8.4 Das grau gefärbte Dreieck COB (Farbe Rot) ist eines von den acht gleich großen Feldern des Glücksrades.
Bei einmaligem Drehen des Glücksrades kann man deshalb mit einer Wahrscheinlichkeit von $\frac{1}{8}$ die Farbe Rot erdrehen. Das bedeutet, dass ein nicht rotes Feld mit einer Wahrscheinlichkeit von $\frac{7}{8}$ erdreht wird.
Durch Anwenden der Pfadmultiplikationsregel kann die Wahrscheinlichkeit, dass keinmal die Farbe Rot erdreht wird, berechnet werden.

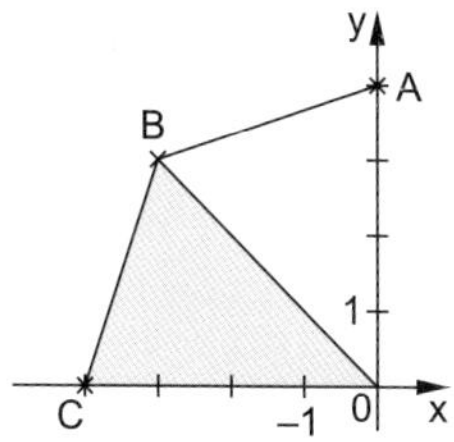

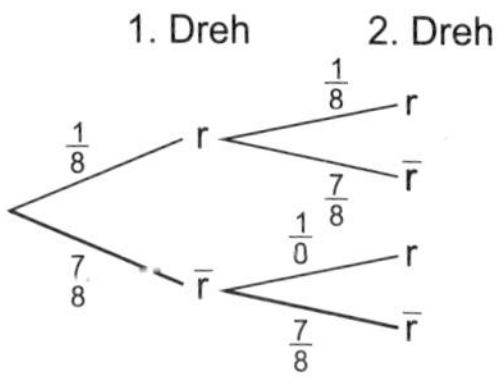

r … rotes Feld
$\overline{r}$ … nicht rotes Feld

$$P(\overline{r}\,\overline{r}) = \frac{7}{8} \cdot \frac{7}{8} = \frac{49}{64}$$

Ergebnis: Die Wahrscheinlichkeit, nach zweimaligem Drehen des Glücksrades keinmal die Farbe Rot zu erdrehen, ist $\underline{\underline{\frac{49}{64}}}$.

1.1 z. B. $\underline{\underline{H_1\left(\frac{\pi}{4} \middle| 1{,}5\right)}}$

Erklärung der Lösung:

Die gegebene Funktion ist ein Beispiel für eine Sinusfunktion der Form:

$$y = f(x) = \underset{\uparrow}{a} \cdot \underset{\uparrow}{\sin(b \cdot x)}$$

- zu a: Parameter a (a > 0) gibt die Streckung des Graphen der Funktion in y-Richtung an.
- zu $\sin(b \cdot x)$: Parameter b beeinflusst die kleinste Periode p der Funktion: $p = \frac{2\pi}{b}$. Der Graph der Funktion wird in x-Richtung gestaucht oder gestreckt.

Die Funktion f mit

$$y = f(x) = \underset{\uparrow}{1{,}5} \cdot \underset{\uparrow}{\sin(2 \cdot x)}$$

- zu 1,5: Die Funktionswerte nehmen 1,5 als maximalen Wert an und –1,5 als minimalen Wert.
- zu $\sin(2 \cdot x)$: $p = \frac{2\pi}{2} = \pi$

ist für alle reellen Zahlen im Intervall [0; 2π] definiert.

Im Koordinatensystem können zwei vollständige Perioden der Funktion gezeichnet werden. Es müssen deshalb fünf Nullstellen, zwei Maxima und zwei Minima in [0; 2π] existieren.

In der Mitte zwischen den ersten beiden Nullstellen $x_1 = 0$ und $x_2 = \frac{\pi}{2}$ liegt das erste lokale Maximum $x_{E_1} = \frac{0 + \frac{\pi}{2}}{2} = \frac{\pi}{4}$.

Der zugehörige Funktionswert ist:

$$f\left(\frac{\pi}{4}\right) = 1{,}5 \cdot \sin\left(\cancel{2}^{1} \cdot \frac{\pi}{\cancel{4}_{2}}\right) = 1{,}5 \cdot 1 = 1{,}5$$

Veranschaulichung unter Nutzung des GRAPH-Menüs des GTR:

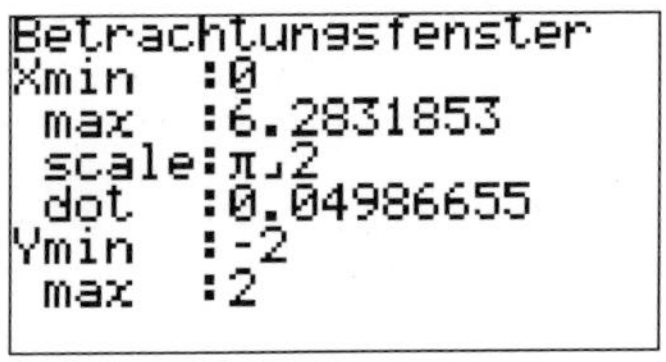

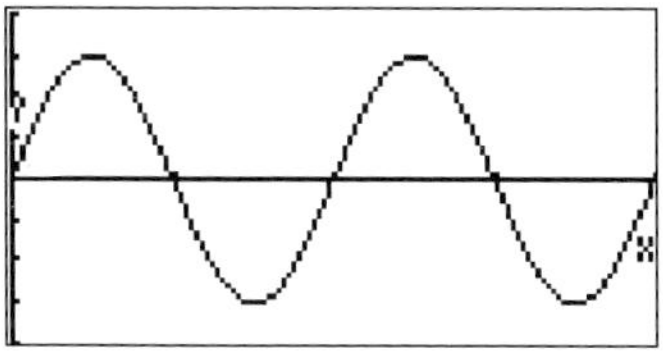

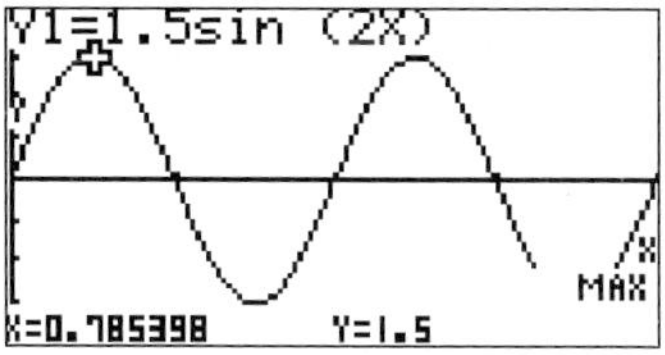

1.2 Das zweite lokale Maximum liegt bei:

$x_{E_2} = \frac{5}{4}\pi$

Dieses kann wie in Teilaufgabe 1.1 mithilfe des GTR ermittelt werden.

Die beiden Hochpunkte im Intervall [0; 2π] haben die Koordinaten $H_1\left(\frac{\pi}{4} \,\middle|\, 1{,}5\right)$ und $H_2\left(\frac{5}{4}\pi \,\middle|\, 1{,}5\right)$. Der Abstand der beiden Punkte ist:

$\frac{5}{4}\pi - \frac{1}{4}\pi = \frac{4}{4}\pi = \pi$

π ist die kleinste Periode der Funktion. Deshalb findet man bei diesem Abstand gleiche Funktionswerte.

1.3 $\underline{\underline{\mathbb{W}_f = \{y \mid y \in \mathbb{R}; -1{,}5 \leq y \leq 1{,}5\}}}$

Erklärung der Lösung:

Allgemeine Gleichung:

$y = f(x) = a \cdot \sin(b \cdot x) + c$

↑ (zu c) Verschiebung in y-Richtung

In diesem Fall gilt:

$y = f(x) = 1{,}5 \cdot \sin(2 \cdot x) + 0$

Unter Teilaufgabe 1.1 wurde beschrieben, wie die Parameter a und b im Vergleich zur Funktion g mit der Gleichung $g(x) = \sin x$ ($x \in \mathbb{R}$) den Verlauf des Graphen der Funktion beeinflussen.

Der Graph der Funktion f mit $f(x) = 1{,}5 \cdot \sin(2 \cdot x)$ wird in y-Richtung gestreckt, deshalb sind die maximalen Funktionswerte 1,5 und die minimalen Funktionswerte –1,5. Der größtmögliche Wertebereich ist damit eindeutig festgelegt.

1.4 $\underline{\underline{y = f(x) = -1{,}5x + 1{,}5}}$ $x \in \mathbb{R}; 0 \le x \le 2\pi$ (Beispiel für eine mögliche Lösung)

Erklärung der Lösung:

Jede lineare Funktion h kann durch die allgemeine Gleichung

$$y = h(x) = \underset{\substack{\uparrow \\ \text{Anstieg}}}{m} \cdot x + \underset{\substack{\uparrow \\ \text{y-Achsenabschnitt}}}{n}$$

beschrieben werden. Da der Graph der gesuchten Funktion den Punkt $P\left(0 \,\middle|\, \frac{3}{2}\right)$ enthalten soll, muss $h(0) = m \cdot 0 + n = \frac{3}{2}$ und damit $n = \frac{3}{2}$ gelten.

Der Schnittpunkt des Graphen der Funktion h mit der y-Achse ist festgelegt. Der Anstieg der gesuchten linearen Funktion kann nicht positiv sein, da für $m > 0$ der Graph der Funktion oberhalb des Graphen der Funktion f liegen würde und kein Schnittpunkt beider Graphen möglich ist.

Für $m = 0$ erhält man eine Parallele zur x-Achse, die den Graphen von f in seinen Hochpunkten schneidet und damit die Vorgabe nicht erfüllt.

Für $m < 0$ muss nun ein Wert gesucht werden, der die Vorgabe, dass ein Schnittpunkt beider Graphen entsteht, erfüllt. Mit dem GTR kann die Entscheidung geprüft werden.

Veranschaulichung einer möglichen Lösung mithilfe des GRAPH-Menüs des GTR:

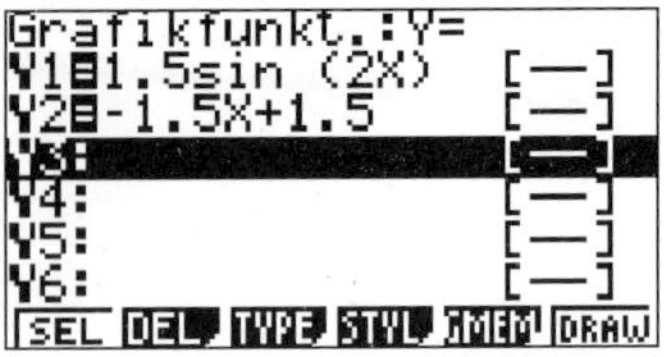

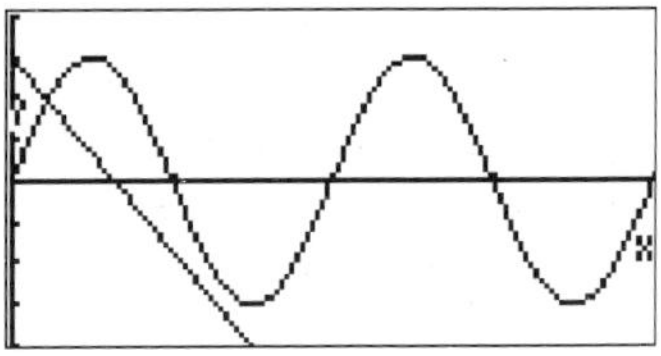

ein Schnittpunkt

Veranschaulichung der Graphen mithilfe des GRAPH-Menüs des GTR, die <u>nicht</u> zur Lösung der gestellten Aufgabe führen:

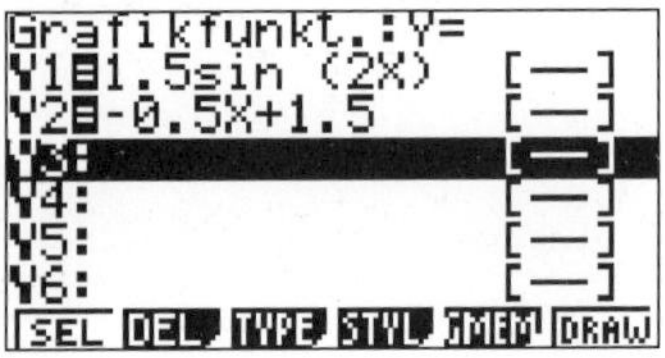

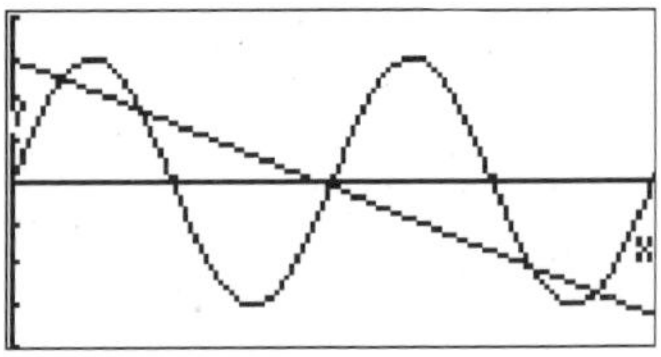

5 Schnittpunkte

2.1 Das Volumen jeder geraden Pyramide kann mithilfe der Formel

$$V = \frac{1}{3} \cdot \underset{\substack{\uparrow \\ \text{Grund-} \\ \text{flächen-} \\ \text{inhalt}}}{A_G} \cdot \underset{\substack{\uparrow \\ \text{Pyramidenhöhe}}}{h}$$

berechnet werden.

$$V = \frac{1}{3} \cdot a^2 \cdot h$$

$$V = \frac{1}{3} \cdot (50\text{ cm})^2 \cdot 80\text{ cm}$$

$$V \approx 66\,667\text{ cm}^3$$

$$66\,667\text{ cm}^3 \approx 66{,}7\text{ dm}^3$$
$$66{,}7\text{ dm}^3 = 66{,}7\ \ell$$

Ergebnis: Das Volumen der Pyramide beträgt rund $\underline{\underline{66\,667\text{ cm}^3}}$.
Das sind rund $\underline{\underline{66{,}7\ \ell}}$.

2.2 Die Oberfläche der Pyramide setzt sich aus ihrer Grundfläche und der Mantelfläche, die im gegebenen Fall aus vier kongruenten, gleichschenkligen Dreiecken besteht, zusammen.
Es gilt:

$$A_O = A_{\text{Grundfläche}} + 4 \cdot A_{\text{Dreieck}}$$

$$A_O = a^2 + 4 \cdot \frac{1}{2} \underset{\substack{\uparrow \\ \text{Dreiecks-} \\ \text{grund-} \\ \text{seite}}}{a} \cdot \underset{\substack{\uparrow \\ \text{zugehörige Höhe}}}{h_a}$$

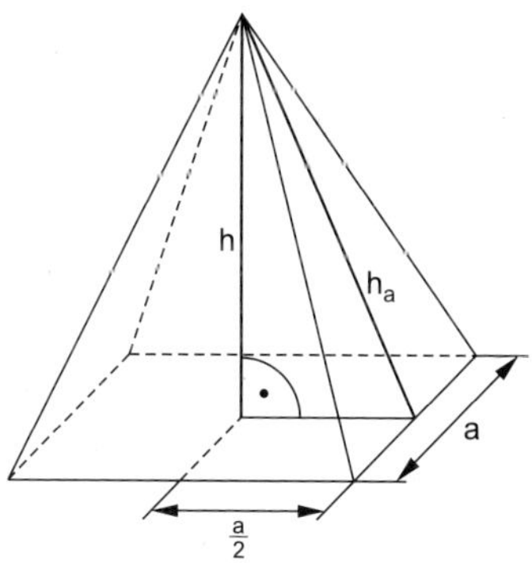

Die Höhe h_a kann mithilfe des Satzes von Pythagoras berechnet werden (siehe Skizze):

$$h_a^2 = h^2 + \left(\frac{a}{2}\right)^2 \qquad |\sqrt{\ };\ h_a > 0$$

$$h_a = \sqrt{h^2 + \left(\frac{a}{2}\right)^2}$$

$$A_O = (50\text{ cm})^2 + \overset{2}{\cancel{4}} \cdot \frac{1}{\underset{1}{\cancel{2}}} \cdot 50\text{ cm} \cdot \sqrt{(80\text{ cm})^2 + \left(\frac{50\text{ cm}}{2}\right)^2}$$

$$A_O \approx 10\,882\text{ cm}^2$$

Ergebnis: Die Oberfläche der Pyramide ist rund $\underline{\underline{10\,882\text{ cm}^2}}$ groß.

3.1 Aufgrund der Lage des vorgegebenen Koordinatensystems liegt der Scheitelpunkt (Hochpunkt) der Parabel, deren Gleichung
$y = f(x) = -0{,}0124 \cdot x^2 + 40{,}0 \quad (x \in \mathbb{D}_f)$
ist, auf der y-Achse.

1. Möglichkeit:
Demnach gilt:
$f(0) = -0{,}0124 \cdot x^2 + 40{,}0$
$f(0) = -0{,}0124 \cdot 0^2 + 40{,}0$
$f(0) = 40{,}0$

Ergebnis: Die maximale Höhe h_{max} des Panometers ist $\underline{\underline{h_{max} = 40{,}0\text{ m.}}}$

2. Möglichkeit:
Es könnte auch der GTR genutzt werden, ist hier aber nicht effektiver.
Zur Vollständigkeit werden zwei Varianten unter Nutzung des GRAPH-Menüs des GTR ergänzt. In beiden Fällen wird zunächst die Funktionsgleichung eingegeben.

1. Variante: Nutzung des Befehls „MAX“

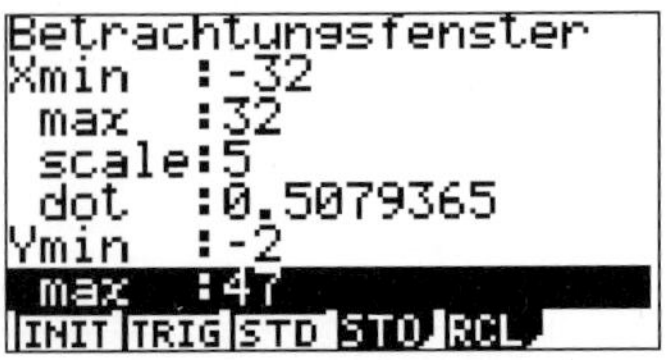

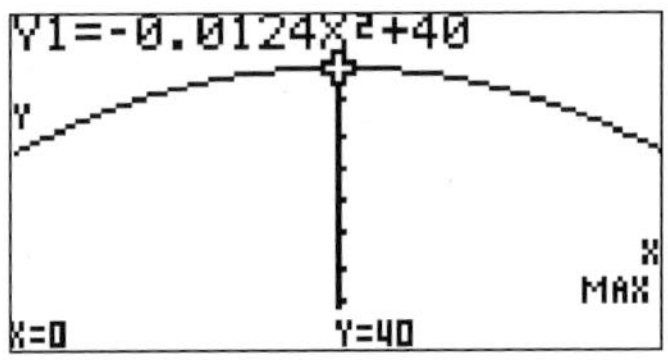

2. Variante: Nutzung des Befehls „y-cal“

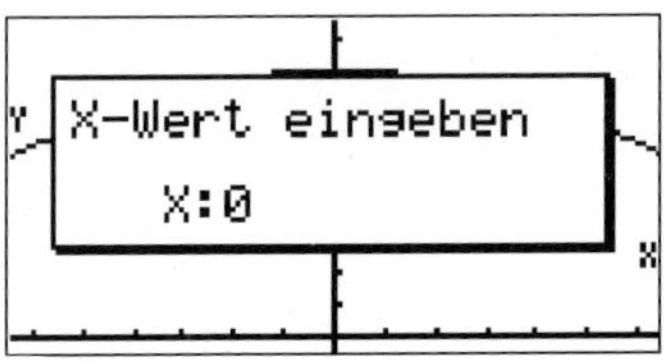

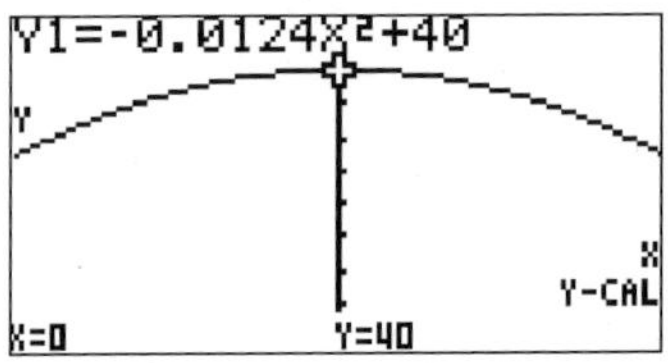

3.2 Die 30,0 m hohen, senkrecht verlaufenden Außenmauern stützen in den Punkten S und T (siehe Skizze) das Kuppeldach. S und T sind von der y-Achse aus Symmetriegründen gleich weit entfernt. Der Abstand der beiden Punkte ist der Durchmesser der kreisförmigen Panometergrundfläche.

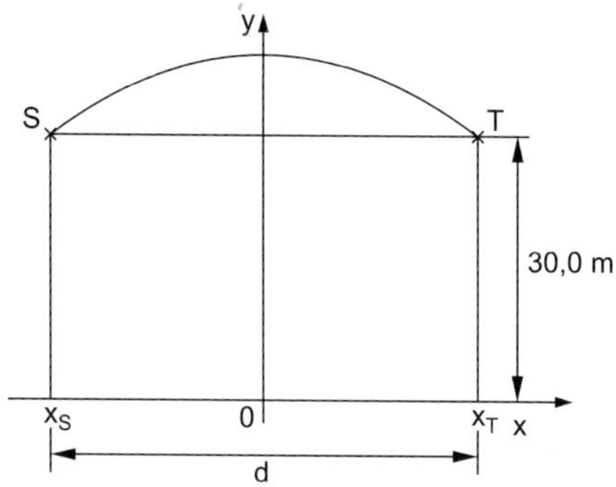

Es gilt:
$S(x_S \mid f(x_S))$, $f(x_S) = 30{,}0$ und
$T(x_T \mid f(x_T))$, $f(x_T) = 30{,}0$,
$x_T = -x_S$

Das Argument x_S mit dem zugeordneten Funktionswert 30,0 wird gesucht.

Nach Eingabe der Funktionsgleichung
$y = f(x) = -0{,}0124 \cdot x^2 + 40{,}0 \ (x \in \mathbb{D}_f)$
in das GRAPH-Menü des GTR wird mithilfe des Befehls „x-cal" x_S ermittelt.

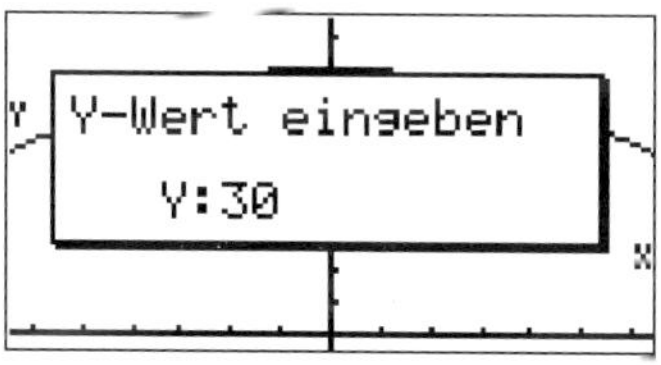

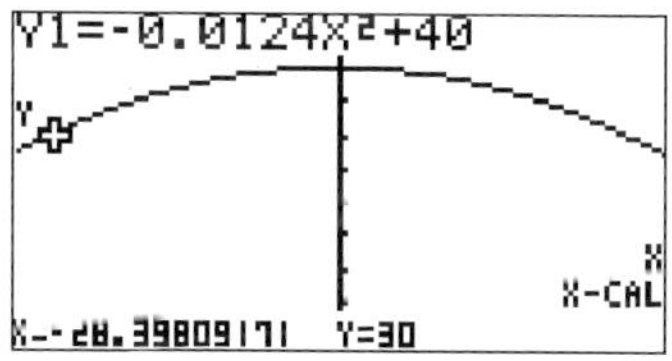

Ergänzung x_T zum Vergleich:

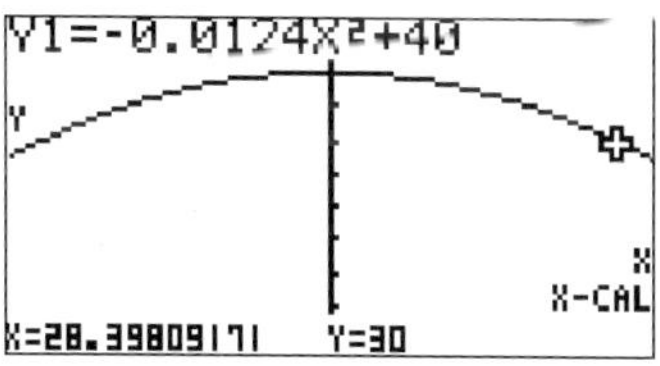

Mit $x_S \approx -28{,}4$ kennt man den Abstand $|x_S| \approx 28{,}4$ der Punkte S und T zur y-Achse. Er beträgt rund 28,4 m und entspricht dem Radius des Grundkreises der Panometergrundfläche. Der gesuchte Durchmesser d beträgt:
$d = 2 \cdot |x_S|$
$d \approx 2 \cdot 28{,}4 \text{ m} \approx 56{,}8 \text{ m}$

Ergebnis: Der Durchmesser der Grundfläche des Panometers ist rund $\underline{\underline{56{,}8 \text{ m}}}$ lang.

3.3 Das Panoramabild umfasst den Inhalt der Mantelfläche eines Kreiszylinders mit den vorgegebenen Maßen $r = 16{,}7$ m und $h = 32{,}0$ m.
Diese Werte werden in die Formel zur Berechnung der Mantelfläche eines Kreiszylinders eingesetzt.

$$A_M = 2\pi \cdot \underset{\substack{\uparrow\\ \text{Grund-}\\ \text{kreis-}\\ \text{radius}}}{r} \cdot \underset{\substack{\uparrow\\ \text{Zylinderhöhe}}}{h}$$

$$A_M = 2\pi \cdot 16{,}7\ \text{m} \cdot 32{,}0\ \text{m}$$

$$A_M = \frac{5\,344}{5}\pi\ \text{m}^2$$

Ergebnis: Der Flächeninhalt des Panoramabildes beträgt rund $\underline{\underline{3\,358\ \text{m}^2}}$.

3.4 Die gegebenen Punkte A, P_1 und P_2 liegen in einer Ebene. Die Untersuchung der Bedingung, ob das Objektiv der Kamera die Punkte P_1 und P_2 gleichzeitig erfassen kann, führt auf das Dreieck AP_1P_2.

1. Möglichkeit:
Von den vier gegebenen Größen werden drei bekannte Größen für das Dreieck $AP_1P_2^*$ betrachtet. Sie werden in der Skizze veranschaulicht.
Vom Dreieck $AP_1P_2^*$ sind zwei Seitenlängen und die Größe des von ihnen eingeschlossenen Winkels bekannt.

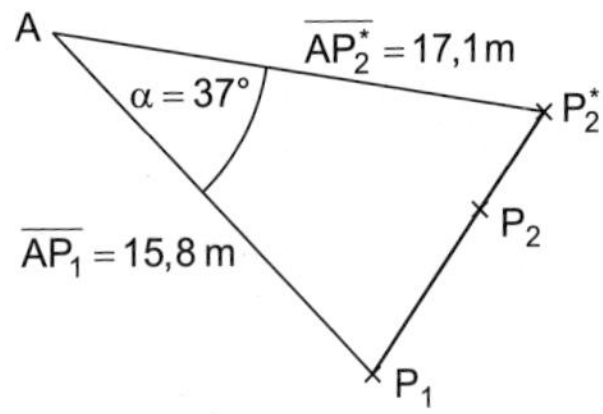

Mithilfe des Kosinussatzes kann die Länge der dritten Dreiecksseite $\overline{P_1P_2^*}$ berechnet werden.

$$\overline{P_1P_2^*}^2 = \overline{AP_1}^2 + \overline{AP_2^*}^2 - 2 \cdot \overline{AP_1} \cdot \overline{AP_2^*} \cdot \cos\sphericalangle(\overline{AP_1}, \overline{AP_2^*}) \qquad |\sqrt{\ }\,;\ \overline{P_1P_2^*} > 0$$

$$\overline{P_1P_2^*}^2 = \sqrt{(15{,}8\ \text{m})^2 + (17{,}1\ \text{m})^2 - 2 \cdot 15{,}8\ \text{m} \cdot 17{,}1\ \text{m} \cdot \cos 37°}$$

$$\overline{P_1P_2^*} \approx 10{,}5\ \text{m}$$

Die berechnete Strecke $\overline{P_1P_2^*}$ ist um rund 0,8 m länger als der vorgegebene Abstand der Punkte P_1 und P_2 ($\overline{P_1P_2} = 9{,}7$ m). Deshalb kann das Objektiv beide Punkte gleichzeitig erfassen.

2. Möglichkeit:

Es werden wiederum drei bekannte Größen des Dreiecks AP_1P_2 benutzt, um durch Berechnung der vierten Größe den Vergleich zum gesuchten Sachverhalt zu ermöglichen.

Sind die drei Seitenlängen eines Dreiecks bekannt, kann ein Innenwinkel mithilfe des Kosinussatzes berechnet werden.

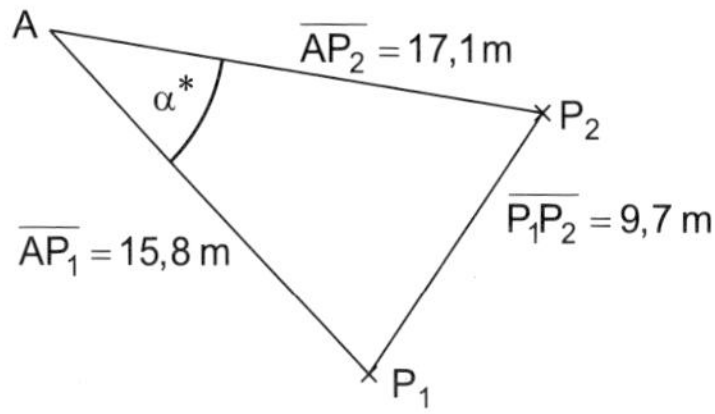

$$\overline{P_1P_2}^2 = \overline{AP_1}^2 + \overline{AP_2}^2 - 2 \cdot \overline{AP_1} \cdot \overline{AP_2} \cdot \cos\alpha^* \qquad \left| -\overline{AP_1}^2 - \overline{AP_2}^2 \right.$$

$$\overline{P_1P_2}^2 - \overline{AP_1}^2 - \overline{AP_2}^2 = -2 \cdot \overline{AP_1} \cdot \overline{AP_2} \cdot \cos\alpha^* \qquad \left| : (-2 \cdot \overline{AP_1} \cdot \overline{AP_2}) \right. \text{ und Seitentausch}$$

$$\cos\alpha^* = \frac{\overline{P_1P_2}^2 - \overline{AP_1}^2 - \overline{AP_2}^2}{-2 \cdot \overline{AP_1} \cdot \overline{AP_2}}$$

$$\cos\alpha^* = \frac{(9{,}7\text{ m})^2 - (15{,}8\text{ m})^2 - (17{,}1\text{ m})^2}{-2 \cdot 15{,}8\text{ m} \cdot 17{,}1\text{ m}}$$

$$\alpha^* \approx 34{,}0°$$

Da das Objektiv der Kamera einen Öffnungswinkel von 37° hat, kann sie beide Punkte P_1 und P_2 gleichzeitig erfassen, denn $34° < 37°$.

Ergebnis: Das Objektiv der Kamera kann die Punkte P_1 und P_2 gleichzeitig erfassen.

3.5.1 *1. Möglichkeit:*

4,9 % von 2 224 Menschen an Bord der Titanic waren Kinder.

4,9 % von 2 224

$$\frac{4{,}9}{100} \cdot 2\,224 = \frac{49}{1\,000} \cdot 2\,224 = \frac{108\,976}{1\,000} \approx 109$$

2. Möglichkeit:

Es liegt ein direkt proportionaler Zusammenhang vor. Die Lösung kann mithilfe des Dreisatzes ermittelt werden:

	Personenanzahl	Anteil in Prozent	
	2 224	100	
: 100	↓	↓	: 100
	22,24	1	
· 4,9	↓	↓	· 4,9
	22,24 · 4,9 ≈ 109	4,9	

Ergebnis: Rund 109 Kinder waren an Bord der Titanic.

3.5.2 *1. Möglichkeit:*

Von 19,1 % der Frauen an Bord der Titanic wurden 74,4 % gerettet.
Daraus folgt:
Von den 19,1 % der 2 224 Menschen an Bord konnten 74,4 % der Frauen gerettet werden.

19,1 % von 2 224

$$\frac{19{,}1}{100} \cdot 2\,224 = \frac{191}{1\,000} \cdot 2\,224 = \frac{424\,784}{1\,000} \approx 425$$

74,4 % von 19,1 % von 2 224

$$\frac{744}{1\,000} \cdot \frac{424\,784}{1\,000} = \frac{316\,039\,296}{1\,000\,000} \approx 316$$

2. Möglichkeit:

Aufgrund des proportionalen Zusammenhanges wird der Dreisatz angewandt:

	Personenanzahl	Anteil in Prozent	
	2 224	100	
: 100	22,24	1	: 100
· 19,1	22,24 · 19,1 ≈ 425	19,1	· 19,1

	Anzahl der Frauen	Anteil in Prozent	
	425	100	
: 100	4,25	1	: 100
· 74,4	4,25 · 74,4 ≈ 316	74,4	· 74,4

Ergebnis: Rund 316 Frauen konnten gerettet werden.

Besondere Leistungsfeststellung Mathematik Sachsen
2020

Teil A

(ohne Nutzung von Tabellen- und Formelsammlung sowie Taschenrechner)

In den Aufgaben 1 bis 6 ist von den jeweils fünf Auswahlmöglichkeiten genau eine Antwort richtig. Kreuzen Sie das jeweilige Feld an.

1 10^{-2} ist: (1 BE)

☐	☐	☐	☐	☐
–100	–20	0,01	$\frac{1}{20}$	0,1

2 Während einer Aktionswoche wird der Preis einer Smartwatch von 140 € auf 119 € gesenkt.
Auf wie viel Prozent wird der Preis gesenkt? (1 BE)

☐	☐	☐	☐	☐
15 %	19 %	21 %	75 %	85 %

3 Wird die Formel $A = \frac{a+c}{2} \cdot h$ nach a umgestellt, so gilt: (1 BE)

☐	☐	☐	☐	☐
$a = \frac{A+c}{2} \cdot h$	$a = \frac{2 \cdot A - c}{h}$	$a = \frac{A}{2 \cdot h} - c$	$a = \frac{2 \cdot A}{h} + c$	$a = \frac{2 \cdot A}{h} - c$

4 Die Gleichung $|x-2| = 5$ besitzt mit $x \in \mathbb{R}$ folgende Lösungsmenge L: (1 BE)

☐	☐	☐	☐	☐
$L = \{7\}$	$L = \{-5\}$	$L = \{-3; 7\}$	$L = \{-5; 5\}$	$L = \{-7; 3\}$

5 Die Kantenlängen eines Quaders betragen 10 cm, 20 cm und 50 cm.
Der Oberflächeninhalt dieses Quaders beträgt: (1 BE)

☐	☐	☐	☐	☐
200 cm^2	500 cm^2	1 700 cm^2	3 400 cm^2	10 000 cm^2

6 Für $x \in \mathbb{R}$ werden die Funktionen f und g mit $f(x) = \sin x$ bzw. $g(x) = 3{,}5 \cdot \sin x$ betrachtet.
In folgender Eigenschaft unterscheiden sich die Funktionen f und g: (1 BE)

☐	☐	☐	☐	☐
Symmetrie des Graphen	Wertebereich	Nullstellen	kleinste Periode	Monotonie-verhalten

7 Für $x \in \mathbb{R}$ ist die Funktion h mit $h(x) = x^2 - 4 \cdot x - 12$ gegeben.

7.1 Zeigen Sie, dass die Gleichung von h auch in der Form $h(x) = (x-2)^2 - 16$ geschrieben werden kann. (2 BE)

7.2 Berechnen Sie die Nullstellen von h. (2 BE)

7.3 Geben Sie den kleinsten Funktionswert von h an. (1 BE)

---

8 Gegeben ist die vollständige Wahrscheinlichkeitsverteilung der Zufallsgröße X mit $a \in \mathbb{R}$.

X	0	3	4
P(X)	a	$\frac{1}{6}$	$\frac{1}{4}$

8.1 Bestimmen Sie den Wert von a. (2 BE)

8.2 Berechnen Sie den Erwartungswert von X. (2 BE)

Teil B

1 Für $x \in \mathbb{R}$ ist die Funktion f mit $f(x) = \left(\frac{6}{5}\right)^x + 1$ gegeben. Der Graph der Funktion g entsteht durch Spiegelung des Graphen von f an der y-Achse (siehe Abbildung).

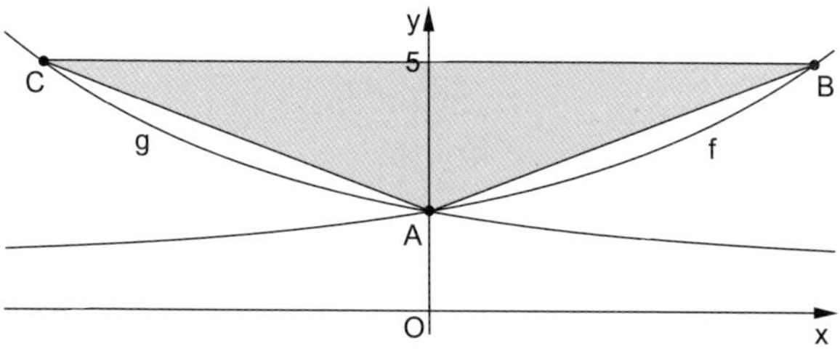

Abbildung (nicht maßstäblich)

1.1 Geben Sie den Wertebereich von f an. (1 BE)

1.2 Geben Sie eine Gleichung von g an. (1 BE)

1.3 Der Punkt A ist der Schnittpunkt des Graphen von f mit der Ordinatenachse. Die Punkte B und C liegen auf den Graphen von f bzw. g. Die Strecke $\overline{CB}$ verläuft parallel zur Abszissenachse durch den Punkt $(0\,|\,5)$ (siehe Abbildung).

Ermitteln Sie die Koordinaten des Punktes B.
Bestimmen Sie den Flächeninhalt des Dreiecks ABC. (5 BE)

2 Die Kantenlänge des Würfels ABCDEFGH beträgt 10 cm. Der Punkt M ist Mittelpunkt der Kante $\overline{EH}$. Dem Würfel ist die Pyramide ABCDM einbeschrieben (siehe Abbildung).

2.1 Zeigen Sie, dass die Strecke $\overline{BM}$ 15 cm lang ist. (3 BE)

2.2 Berechnen Sie die Größe des Winkels $\sphericalangle BMC$. (3 BE)

2.3 Ermitteln Sie das Volumen der Pyramide ABCDM. (2 BE)

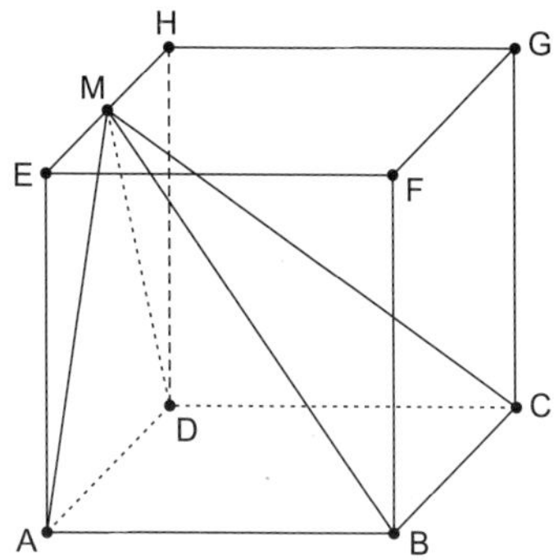

Abbildung (nicht maßstäblich)

3 Abbildung 1 zeigt den Querschnitt durch eine Talsperre mit Staubecken, Staumauer, Wasserbecken und Ablaufrinne in einem Koordinatensystem (1 Längeneinheit entspricht 1 Meter). Die Ablaufrinne leitet bei zu hohem Wasserspiegel im Wasserbecken das Wasser ab. Die Höhe des Wasserspiegels im Wasserbecken ist h.

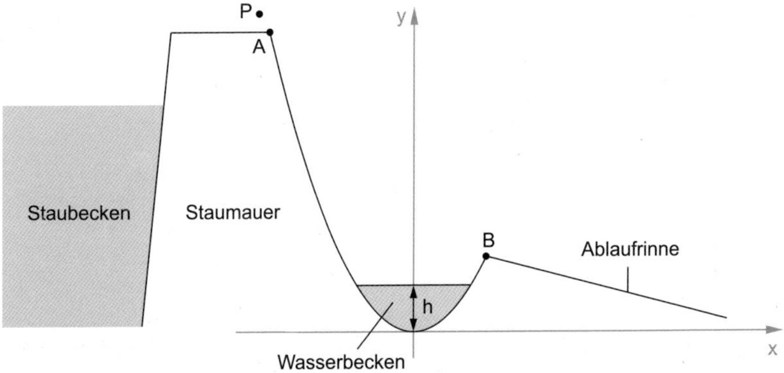

Abbildung 1 (nicht maßstäblich)

3.1 Der Parabelabschnitt vom Punkt A zum Punkt B wird durch den Graphen der Funktion f mit $f(x)=\frac{1}{4}\cdot x^2$ $(x\in\mathbb{R}; -8\le x\le 4)$ beschrieben. Die Schnittlinie der Ablaufrinne liegt auf dem Graphen der Funktion g mit $g(x)=-\frac{3}{50}\cdot x+\frac{106}{25}$ $(x\in\mathbb{R})$.

3.1.1 Geben Sie das Gefälle der Ablaufrinne in Prozent an. (1 BE)

3.1.2 Bestimmen Sie die Höhe des Wasserspiegels im Wasserbecken, ab der das Wasser über die Ablaufrinne abgeleitet wird. (3 BE)

3.1.3 Begründen Sie, dass der Punkt A die Koordinaten $x_A=-8$ und $y_A=16$ besitzt. (2 BE)

3.1.4 Ermitteln Sie die Höhe des Wasserspiegels im Wasserbecken, ab der das Wasser im Wasserbecken vom Punkt $P(-9\,|\,17{,}5)$ aus zu sehen ist (siehe Abbildung 1). (4 BE)

3.2 Das Volumen des Wassers im Wasserbecken verändert sich durch Zufluss vom Staubecken, Ablauf über die Ablaufrinne oder Wasserentnahme. Abbildung 2 stellt für einen ausgewählten Tag den Zusammenhang zwischen dem Volumen des Wassers im Wasserbecken und der Uhrzeit dar.

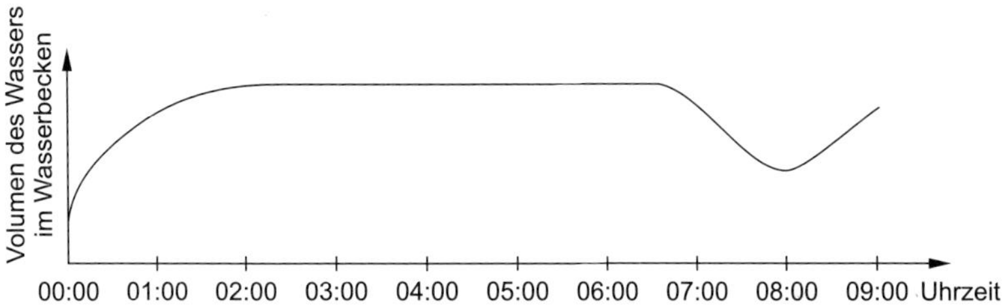

Abbildung 2

Betrachtet werden folgende Aussagen für den dargestellten Zeitraum:

Aussage 1: Das Volumen des Wassers im Wasserbecken war mindestens 3 Stunden lang gleich groß.

Aussage 2: Zwischen 07:00 Uhr und 07:15 Uhr verringerte sich das Volumen des Wassers im Wasserbecken

Aussage 3: Gegen 08:00 Uhr befand sich das kleinste Wasservolumen im Wasserbecken.

Aussage 4: Um 01:00 Uhr änderte sich das Volumen des Wassers im Wasserbecken schneller als um 01:30 Uhr.

3.2.1 Geben Sie jeweils an, ob die Aussagen 1, 2 und 3 wahr oder falsch sind. (3 BE)

3.2.2 Geben Sie an, ob die Aussage 4 wahr oder falsch ist.
Begründen Sie Ihre Angabe. (2 BE)

Teilaufgabe 1.1

- Betrachten Sie den Bereich, in dem sich alle Funktionswerte der Funktion für $x \in \mathbb{R}$ befinden.

Teilaufgabe 1.2

- Der Graph der Funktion g entsteht durch Spiegelung des Graphen von f an der y-Achse.
- Für einander entgegengesetzte Argumente haben sie gleiche Funktionswerte.
- Es gilt: $f(-x) = g(x)$
- Ersetzen Sie in der Funktionsgleichung von f die x-Werte durch die dazu entgegengesetzten.

Teilaufgabe 1.3

- Der Punkt $P(0\,|\,5)$ liegt auf der Strecke $\overline{CB}$, die parallel zur x-Achse verläuft.
- Damit ist die y-Koordinate des Punktes B bekannt.
- Somit gilt: $f(x_B) = 5$
- Es ist das Argument x_B gesucht, dem der Funktionswert $y_B = f(x_B) = 5$ zugordnet wird.
- Die Lösung der Gleichung $5 = \left(\frac{6}{5}\right)^{x_B} + 1$ kann mit dem GTR gefunden werden.
- Der Flächeninhalt eines beliebigen Dreiecks ist $A = \frac{1}{2} \cdot g \cdot h_g$.
- Die Grundseite g im zu betrachtenden Dreieck ist $\overline{CB} = 2 \cdot \overline{BP}$.
- Sie ist rund $2 \cdot 7{,}6$ LE lang.
- Die der Grundseite g zugehörige Höhe ist $h_g = \overline{AP}$.
- Sie ist 3 LE lang.

Teilaufgabe 2.1

- Alle Kantenlängen des Würfels sind 10 cm lang.
- Betrachten Sie das Dreieck ABM und das Dreieck APM. Dabei sei P der Fußpunkt des Lotes von M auf $\overline{AD}$.
- Beide Dreiecke sind rechtwinklig.
- Wenden Sie zuerst auf das Dreieck APM den Satz des Pythagoras an.
- Berechnen Sie die Länge der Seite $\overline{BM}$ durch Anwendung des Satzes von Pythagoras auf das Dreieck ABM.

Teilaufgabe 2.2

- Betrachten Sie das Dreieck BCM.
- Es ist ein gleichschenkliges Dreieck.

- Die Schenkel dieses Dreiecks sind $\overline{BM} = 15$ cm lang.
- Die Basis $\overline{BC}$ hat eine Länge von 10 cm.
- Zerlegen Sie das Dreieck BCM in zwei kongruente rechtwinklige Dreiecke.
- Der gesuchte Winkel $\sphericalangle BMC$ wird dadurch halbiert.
- Wenden Sie auf eines dieser rechtwinkligen Dreiecke eine trigonometrische Beziehung an.
- Es gilt: $\sin \frac{\sphericalangle BMC}{2} = \frac{5}{15}$

Teilaufgabe 2.3

- Zur Berechnung des Volumens der Pyramide nutzt man die Formel $V = \frac{1}{3} \cdot A_G \cdot h$.
- Es wird die Größe der Grundfläche ABCD benötigt.
- Der Flächeninhalt der Grundfläche ist $A_G = \overline{AB} \cdot \overline{BC}$, wobei die beiden Strecken gleich lang sind (10 cm).
- Er beträgt $(10\text{ cm})^2 = 100\text{ cm}^2$.
- Die Körperhöhe ist ebenso durch die Länge der Kante des Würfels festgelegt.
- Die Pyramidenhöhe ist $h = \overline{MP} = \overline{AE} = 10$ cm.

Teilaufgabe 3.1.1

- Betrachten Sie die Schnittlinie der Ablaufrinne.
- Sie liegt auf dem Graphen der Funktion g mit $g(x) = -\frac{3}{50} \cdot x + \frac{106}{25}$ $(x \subset \mathbb{R})$.
- Der Graph dieser linearen Funktion ist eine Gerade.
- Ihr Anstieg beschreibt, wie stark sich die Funktionswerte g(x) bei Zunahme bzw. Abnahme ändern.
- Der Betrag dieser Änderung kann als Bruch, als Dezimalzahl, aber auch in Prozent angegeben werden.

Teilaufgabe 3.1.2

- Der Punkt B ist der höchste Punkt auf dem abgebildeten Teil des Graphen der Funktion g.
- Die y-Koordinate y_B des Punktes legt die Höhe fest, ab der das Wasser über die Ablaufrinne abgeleitet wird.
- Der Punkt B liegt auch auf dem Graphen von f. Er ist der rechte Begrenzungspunkt der Parabel.
- Die x-Koordinate von B ist somit das größte Argument des Definitionsbereiches der Funktion f.
- Die Funktion f ist mit ihrer Gleichung $f(x) = \frac{1}{4} \cdot x^2$ $(x \in \mathbb{R}; -8 \le x \le 4)$ gegeben.
- Das größte Argument ist $x_B = 4$.
- Ermitteln Sie den zugehörigen Funktionswert $f(x_B)$.

Teilaufgabe 3.1.3

- Der Punkt A liegt auf dem Graphen der Funktion f.
- In ihm beginnt der Parabelabschnitt, der den Verlauf des Wasserbeckens im Querschnitt beschreibt.
- Die x-Koordinate von A ist somit das kleinste Argument des Definitionsbereiches der Funktion f.
- Deshalb ist $x_A = -8$.
- Der zugehörige Funktionswert kann ermittelt werden.
- Berechnen Sie f(−8).

Teilaufgabe 3.1.4

- Die gesuchte Blickrichtung vom Punkt P aus kann durch eine Gerade beschrieben werden.
- Diese muss durch den Punkt P und für die geringste sichtbare Wasserspiegelhöhe durch den Punkt A verlaufen.
- Stellen Sie die Gleichung der linearen Funktion k auf, deren Graph den Verlauf der Geraden durch die Punkte A und B beschreibt.
- Diese Gerade trifft anschaulich gesehen auf die rechte Wand des im Querschnitt dargestellten Wasserbeckens.
- Der Schnittpunkt Q der Graphen der Funktionen f und k für $x > 0$ liefert eine Aussage zur gesuchten Höhe des Wasserspiegels.
- Ermitteln Sie die y-Koordinate des Schnittpunktes Q. Interpretieren Sie seine Bedeutung.

Teilaufgabe 3.2.1

- Betrachten Sie das Monotonieverhalten des Graphen der Funktion in den genannten Abschnitten für die Aussagen 1 und 2.
- Für die Aussage 1 betrachten Sie die Parallele zur Zeitachse im Bereich von 03:00 Uhr und 06:00 Uhr.
- Für die Aussage 2 betrachten Sie den fallenden Verlauf des Graphen zwischen 07:00 Uhr und 07:15 Uhr.
- Für den Wahrheitsgehalt der Aussage 3 ist es wichtig, den kleinsten Wert für den *gesamten* Beobachtungszeitraum zu finden.
- Dieser liegt nicht bei 08:00 Uhr (lokales Minimum).
- Er liegt bei 00:00 Uhr (globales Minimum).

Teilaufgabe 3.2.2

- Die Steilheit des Verlaufs des Graphen ist ein Maß für die Stärke der Volumenänderung.
- Je steiler der Graph ansteigt, umso schneller verläuft in diesem Abschnitt die Volumenzunahme.

Lösungen zu Teil A

1 ☒ 0,01

Erklärung der Lösung:
Nach Definition gilt:

$$10^{-2} = \frac{1}{10^2} = \frac{1}{100} = 0{,}01$$

2 ☒ 85 %

Erklärung der Lösung:

$$\frac{119\,\cancel{€}^1}{140\,\cancel{€}_1} \quad \Big|\text{ mit 7 kürzen}$$

$$= \frac{17}{20} \quad \Big|\text{ mit 5 erweitern}$$

$$= \frac{85}{100}$$

$$= 85\,\%$$

Weitere Möglichkeit:
140 € − 119 € = 21 €

	Preis in €	Anteil in %	
	140	100	
:10			:10
	14	10	
:2			:2
	7	5	
·3			·3
	21	15	

21 € sind 15 % von 140 €.

Der Preis wurde um 15 % auf 100 % − 15 % = 85 % gesenkt.

3 ☒ $a = \frac{2 \cdot A}{h} - c$

Erklärung der Lösung:

$$A = \frac{a + c}{2} \cdot h \quad |:h$$

$$\frac{A}{h} = \frac{a + c}{2} \quad |\cdot 2$$

$$\frac{2 \cdot A}{h} = a + c \quad |-c$$

$$\frac{2 \cdot A}{h} - c = a \quad |\text{Seitentausch}$$

$$a = \frac{2 \cdot A}{h} - c$$

4 ☒ $\mathbb{L} = \{-3; 7\}$

Erklärung der Lösung:

$|x - 2| = 5 \quad (x \in \mathbb{R})$

Da sowohl $|5| = 5$ als auch $|-5| = 5$ ist, müssen zwei Fälle unterschieden werden. Es ergeben sich demnach zwei Gleichungen:

1. Fall: $|5| = 5$

$x_1 - 2 = 5 \quad |+2$

$x_1 = 7$

2. Fall: $|-5| = 5$

$x_2 - 2 = -5 \quad |+2$

$x_2 = -3$

5 ☒ $3\,400\ \text{cm}^2$

Erklärung der Lösung:

Der Oberflächeninhalt eines Quaders setzt sich aus sechs Rechtecken zusammen. Es gibt jeweils paarweise kongruente Flächen.

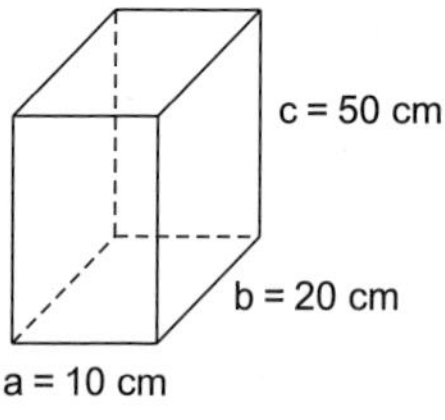

$A_O = 2 \cdot (a \cdot b + a \cdot c + b \cdot c)$

$A_O = 2 \cdot (10\ \text{cm} \cdot 20\ \text{cm} + 10\ \text{cm} \cdot 50\ \text{cm} + 20\ \text{cm} \cdot 50\ \text{cm})$

$A_O = 2 \cdot (200\ \text{cm}^2 + 500\ \text{cm}^2 + 1\,000\ \text{cm}^2)$

$A_O = 2 \cdot 1\,700\ \text{cm}^2$

$A_O = 3\,400\ \text{cm}^2$

6 ☒ Wertebereich

Erklärung der Lösung:
Für die Grundfunktion $f(x) = \sin x$ ist der Wertebereich durch $-1 \leq f(x) \leq 1$ festgelegt.

Es gilt: $g(x) = 3{,}5 \cdot \underbrace{\sin x}_{f(x)} = \underbrace{3{,}5}_{\text{Streckung des Graphen in y-Richtung}} \cdot f(x)$

Das bedeutet, dass sich durch den Faktor 3,5 der Wertebereich der Funktion $g(x) = 3{,}5 \cdot \sin x$ erweitert und somit durch $-3{,}5 \leq g(x) \leq 3{,}5$ festgelegt wird.

7.1 $h(x) = x^2 - 4 \cdot x - 12$ | binomische Formel anwenden: $a^2 + 2 \cdot a \cdot b + b^2 = (a+b)^2$

$= x^2 - 2 \cdot 2 \cdot x + \overbrace{2^2 - 2^2}^{\text{quadratische Ergänzung addieren und subtrahieren}} - 12$

$= (x-2)^2 \quad - 2^2 - 12$ | zusammenfassen

$= (x-2)^2 - 16$

Wie zu zeigen war, gilt: $x^2 - 4 \cdot x - 12 = (x-2)^2 - 16$

7.2 *1. Möglichkeit:* Scheitelpunktform nutzen

$h(x) = (x-2)^2 - 16$

$0 = (x-2)^2 - 16 \quad | +16$

$16 = (x-2)^2 \quad | \sqrt{\ }$ (Fallunterscheidung)

1. Fall: $16 = (4)^2$

$4 = x_1 - 2 \quad | +2$

$6 = x_1$

2. Fall: $16 = (-4)^2$

$-4 = x_2 - 2 \quad | +2$

$-2 = x_2$

Ergebnis: Die Nullstellen von h sind -2 und 6.

2. Möglichkeit: Normalform und p-q-Formel nutzen

Hinweis: Die quadratische Gleichung $0 = x^2 - 4x - 12$ hat die Struktur $x^2 + px + q = 0$ und kann mithilfe der Formel $x_{1/2} = -\frac{p}{2} \pm \sqrt{\left(\frac{p}{2}\right)^2 - q}$ gelöst werden.

$h(x) = x^2 - 4x - 12$

$0 = x^2 - 4x - 12 \qquad |\, p = -4;\, q = -12$

$x_{1/2} = -\frac{-4}{2} \pm \sqrt{\left(\frac{-4}{2}\right)^2 - (-12)}$

$x_{1/2} = 2 \pm \sqrt{4+12}$

$x_{1/2} = 2 \pm \sqrt{16}$

$x_{1/2} = 2 \pm 4$

$\underline{\underline{x_1}} = 2 + 4 = \underline{\underline{6}}$ und $\underline{\underline{x_2}} = 2 - 4 = \underline{\underline{-2}}$

7.3 $\underline{\underline{-16}}$

Erklärung der Lösung:
Der Scheitelpunkt des Graphen der Funktion kann aus der Scheitelpunktform $h(x) = (x-2)^2 - 16$ abgelesen werden:
$S(2\,|-16)$

Der Koeffizient vor dem quadratischen Glied ist 1. Deshalb handelt es sich hier um eine nach oben geöffnete Normalparabel. Der Scheitelpunkt ist daher gleichzeitig der Tiefpunkt des Graphen der Funktion. Die y-Koordinate legt damit den kleinsten Funktionswert fest:
$f(2) = -16$

8.1 *Hinweis:* Da die vollständige Wahrscheinlichkeitsverteilung der Zufallsgröße X gegeben ist, muss die Summe der Wahrscheinlichkeiten für das Auftreten aller möglichen Ergebnisse der Zufallsgröße X gleich 1 (also 100 %) sein.

$a + \frac{1}{6} + \frac{1}{4} = 1 \qquad \left|\, -\frac{1}{6} - \frac{1}{4}\right.$

$a = 1 - \frac{1}{6} - \frac{1}{4} \qquad |$ Brüche erweitern; Hauptnenner bilden

$a = \frac{12}{12} - \frac{2}{12} - \frac{3}{12} \qquad |$ zusammenfassen

$\underline{\underline{a = \frac{7}{12}}}$

8.2 *Hinweis:* Es sei eine Zufallsgröße X mit folgender Wahrscheinlichkeitsverteilung für $n > 1$ gegeben:

Werte von X	x_1	x_2	...	x_n
Wahrscheinlichkeiten	$p(x_1)$	$p(x_2)$	...	$p(x_n)$

Dann heißt die durch $E(X) = x_1 \cdot p(x_1) + x_2 \cdot p(x_2) + \ldots + x_n \cdot p(x_n)$ definierte Größe E(X) Erwartungswert der Zufallsgröße X.

Unter Beachtung dieses Hinweises wird der Erwartungswert E(X) berechnet.

$$E(X) = 0 \cdot a + \cancel{3}^1 \cdot \frac{1}{\cancel{6}^2} + \cancel{4}^1 \cdot \frac{1}{\cancel{4}^1}$$

$$= 0 + \frac{1}{2} + 1$$

$$= \underline{\underline{1\frac{1}{2}}}$$

1.1 $\underline{\underline{W_f = \{y \mid y \in \mathbb{R};\ y > 1\}}}$

Erklärung der Lösung:
Für alle $x \in \mathbb{R}$ ist der erste Summand $\left(\frac{6}{5}\right)^x$ nach Definition positiv.
Da der zweite Summand 1 unverändert bleibt (d. h. nicht von x abhängt), ist die Summe $\left(\frac{6}{5}\right)^x + 1$ stets größer als 1.

1.2 $\underline{\underline{g(x)}} = f(-x) = \underline{\underline{\left(\frac{6}{5}\right)^{-x} + 1}} = \left(\frac{5}{6}\right)^x + 1$

Erklärung der Lösung:
Wird der Graph von f an der y-Achse gespiegelt, bedeutet das, dass die Graphen der Funktionen f und g bei zueinander entgegengesetzten Argumenten gleiche Funktionswerte besitzen:
$f(-x) = g(x)$

Ersetzt man jedes Argument x in der Funktionsgleichung der Funktion f durch sein entgegengesetztes, so erhält man die Gleichung der Funktion g.

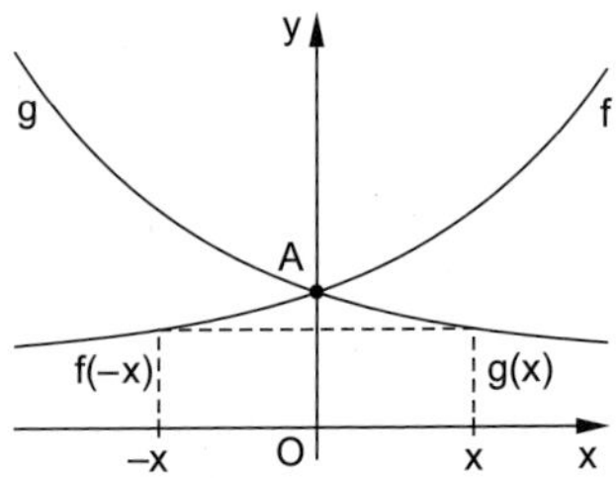

1.3 Ermitteln der Koordinaten des Punktes B:

Der Punkt P(0 | 5) liegt auf der Strecke $\overline{CB}$, die parallel zur x-Achse verläuft.
Der Punkt B muss deshalb die y-Koordinate $f(x_B) = 5$ besitzen.

Zur Ermittlung der x-Koordinate x_B des Punktes B muss die Gleichung

$$5 = \left(\frac{6}{5}\right)^{x_B} + 1$$

gelöst werden.

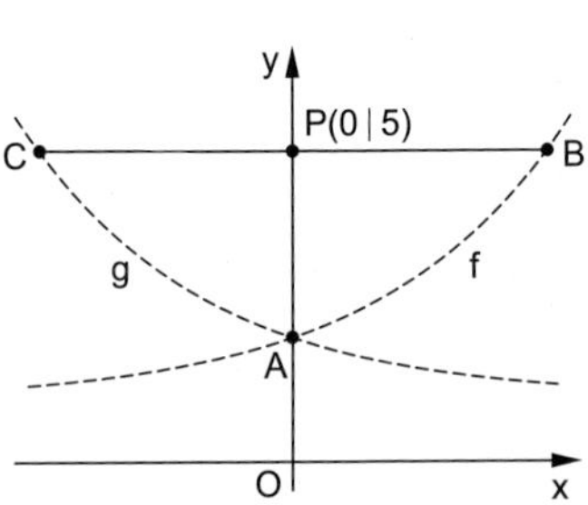

1. Möglichkeit:
Ermitteln der Lösung mithilfe des GRAPH-Menüs des GTR

Die Funktionsgleichung wird mit $f(x) = \left(\frac{6}{5}\right)^x + 1$ eingegeben.

Über den Befehl „x-cal“ wird der gegebene Funktionswert $y = 5$ eingegeben und das zugehörige Argument ermittelt.

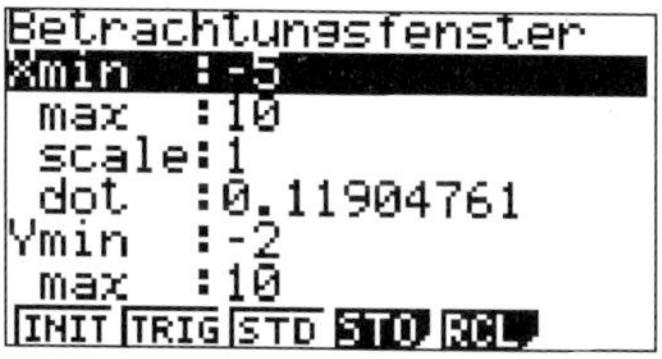

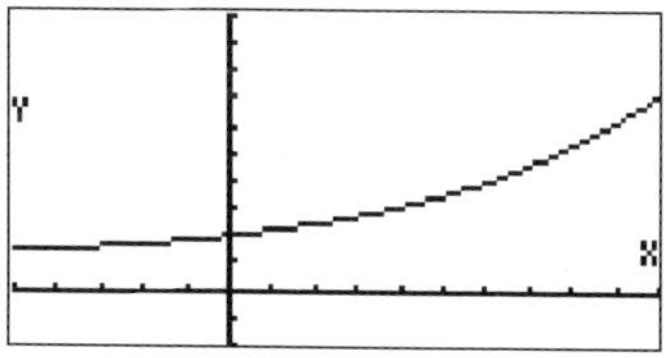

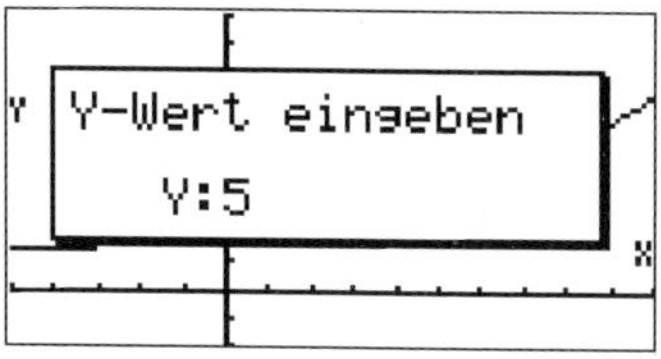

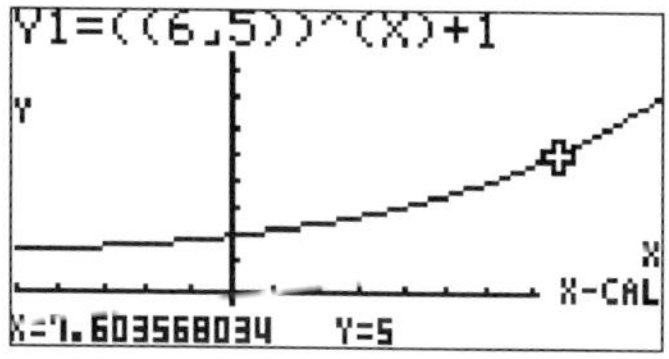

$x_B \approx 7{,}6$

Ergebnis: $\underline{\underline{B(7{,}6\,|\,5)}}$

2. Möglichkeit:
Ermitteln der Lösung unter Verwendung des RUN-Menüs des GTR

Es wird die Gleichung $5 = \left(\frac{6}{5}\right)^x + 1$ eingegeben.

Es wird ein geeigneter Startwert gewählt. Im angegebenen Beispiel wurde der Startwert 0 eingesetzt.

Mithilfe des „solve“-Befehls wird der gesuchte x-Wert ermittelt:
$x \approx 7{,}6$

Ergebnis: $\underline{\underline{B(7{,}6\,|\,5)}}$

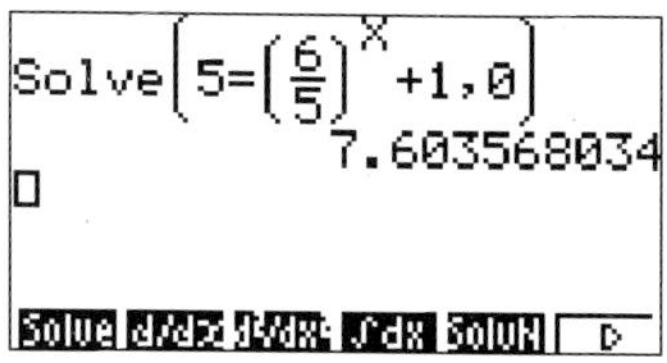

Hinweis: Der Startwert muss in einem ausreichend kleinen Intervall um die zu erwartende Lösung liegen, um eine richtige Näherungslösung ermitteln zu können.

3. Möglichkeit: Berechnen der Lösung

Unter Verwendung der Definition des Logarithmus kann die Exponentialgleichung gelöst werden.

$$5 = \left(\frac{6}{5}\right)^x + 1 \qquad \mid -1$$

$$4 = \left(\frac{6}{5}\right)^x \qquad \mid \text{Anwendung der Definition des Logarithmus}$$

$$x = \log_{\frac{6}{5}} 4$$

$$x \approx 7{,}6$$

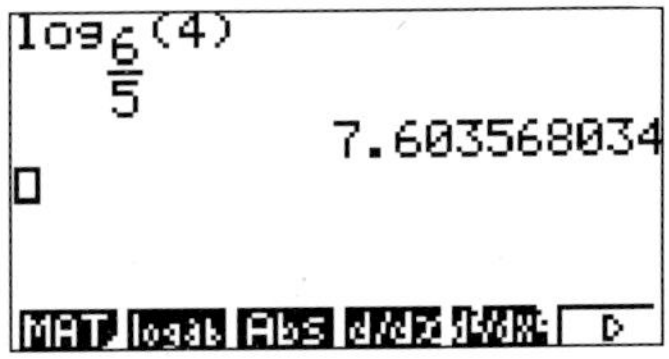

Hinweis: Die Gleichung kann auch durch beidseitiges Logarithmieren nach x umgestellt werden.

$$4 = \left(\frac{6}{5}\right)^x \qquad \mid \text{logarithmieren}$$

$$\lg 4 = \lg\left(\frac{6}{5}\right)^x \qquad \mid \text{Anwendung Logarithmengesetz}$$

$$\lg 4 = x \cdot \lg\left(\frac{6}{5}\right) \qquad \mid : \lg\left(\frac{6}{5}\right) \text{ und Seitentausch}$$

$$x = \frac{\lg 4}{\lg\left(\frac{6}{5}\right)}$$

$$x \approx 7{,}6$$

Ergebnis: $\underline{\underline{B(7{,}6 \mid 5)}}$

Bestimmen des Flächeninhalts des Dreiecks ABC:

1. Möglichkeit:

Für jedes Dreieck gilt:

$$A = \frac{1}{2} \cdot g \cdot h_g$$

- A ↑ Flächeninhalt des Dreiecks
- g ↑ eine Seite des Dreiecks
- h_g ↑ der Seite zugehörige Höhe

Mithilfe dieser Formel kann der Flächeninhalt des Dreiecks ABC berechnet werden:

$$A_{ABC} = \frac{1}{2} \cdot \overline{CB} \cdot \overline{AP}$$

Der Punkt B ist rund 7,6 LE von der y-Achse entfernt, ebenso wie der Punkt C. Die Strecke $\overline{CB}$ hat deshalb eine Länge von rund $2 \cdot 7{,}6\ \text{LE} = 15{,}2\ \text{LE}$.

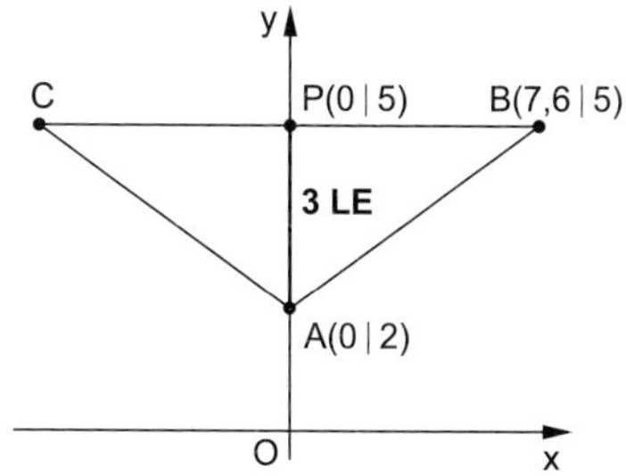

Der Punkt A ist der Schnittpunkt beider Graphen f und g mit der y-Achse:

$$f(0) = g(0) = \left(\frac{6}{5}\right)^0 + 1 = 1 + 1 = 2$$

Seine Koordinaten sind somit A(0 | 2).

Da der Punkt P(0 | 5) gegeben ist, beträgt die Länge der Strecke $\overline{AP} = (5-2)\ \text{LE}$.

Somit gilt:

$$A_{ABC} = \frac{1}{2} \cdot \overline{CB} \cdot \overline{AP}$$

$$A_{ABC} \approx \frac{1}{2} \cdot 2 \cdot 7{,}6\ \text{LE} \cdot (5-2)\ \text{LE}$$

$$A_{ABC} \approx \frac{1}{2} \cdot 2 \cdot 7{,}6 \cdot (5-2)\ \text{FE} = 22{,}8\ \text{FE}$$

Ergebnis: Der Flächeninhalt des Dreiecks ABC beträgt rund $\underline{\underline{22{,}8\ \text{FE}}}$.

2. Möglichkeit:

Man kann das Dreieck ABC in zwei kongruente rechtwinklige Dreiecke zerlegen. Betrachtet wird nun das rechtwinklige Teildreieck ABP.
Für jedes rechtwinklige Dreieck gilt, dass der Flächeninhalt von diesem so groß ist wie die Hälfte des Produktes aus den Längen seiner Katheten.

Mit P(0 | 5) gilt:

$$A_{ABC} = 2 \cdot A_{ABP} = \cancel{2}^1 \cdot \frac{1}{\cancel{2}_1} \cdot \overline{AP} \cdot \overline{BP} \approx \underset{\substack{\uparrow \\ \text{siehe 1. Möglichkeit}}}{(5-2)} \cdot \underset{\substack{\uparrow \\ \text{siehe Koordinaten von B}}}{7{,}6}\ \text{FE} = 22{,}8\ \text{FE}$$

Ergebnis: Der Flächeninhalt des Dreiecks ABC beträgt rund $\underline{\underline{22{,}8\ \text{FE}}}$.

2.1 Laut Vorgabe gilt für den Würfel ABCDEFGH:
alle Kantenlängen sind 10 cm lang;
$\overline{EM} = \overline{HM} = 5\ \text{cm}$; $\overline{MP} = \overline{AE} = 10\ \text{cm}$;

P sei dabei Fußpunkt des Lotes von M auf $\overline{AD}$.

Für das rechtwinklige Dreieck APM gilt nach dem Satz des Pythagoras:

$$\overline{AM}^2 = \overline{AP}^2 + \overline{MP}^2 \quad (1) \quad \text{mit} \quad \overline{AP} = \frac{\overline{AD}}{2} = 5\ \text{cm}$$

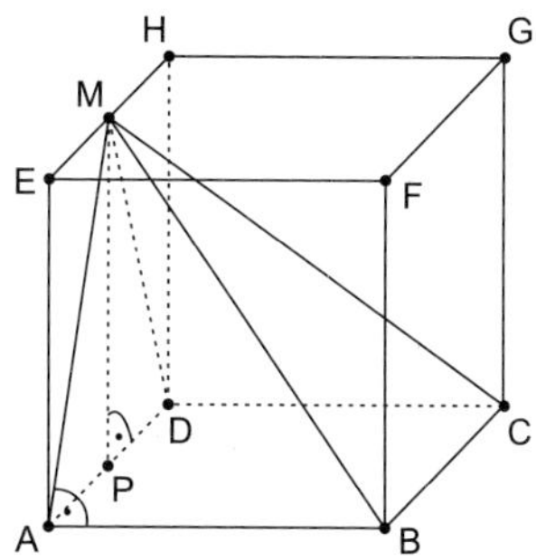

Ebenso gilt nach dem Satz des Pythagoras für das rechtwinklige Dreieck ABM:

$\overline{BM}^2 = \overline{AB}^2 + \overline{AM}^2 \quad (2)$

Durch Einsetzen der Gleichung (1) in (2) ergibt sich:

$$\overline{BM}^2 = \overline{AB}^2 + \overline{AP}^2 + \overline{MP}^2$$

$$\overline{BM}^2 = (10\text{ cm})^2 + (5\text{ cm})^2 + (10\text{ cm})^2$$

$$\overline{BM}^2 = 100\text{ cm}^2 + 25\text{ cm}^2 + 100\text{ cm}^2$$

$$\overline{BM}^2 = 225\text{ cm}^2 \qquad |\sqrt{\ };\ \overline{BM} > 0$$

$$\underline{\underline{\overline{BM} = 15\text{ cm}}}$$

2.2 Das zu betrachtende Dreieck BCM ist gleichschenklig.
Die Länge der Schenkel $\overline{BM}$ und $\overline{CM}$ ist mit 15 cm bekannt (vgl. Teilaufgabe 2.1), die Basis als Würfelkante $\overline{BC}$ mit 10 cm.

1. Möglichkeit:

Da drei Seiten des Dreiecks BCM gegeben sind, kann die Größe des gesuchten Winkels ∢BMC unter Verwendung des Kosinussatzes berechnet werden.

$$\overline{BC}^2 = \overline{BM}^2 + \overline{CM}^2 - 2 \cdot \overline{BM} \cdot \overline{CM} \cdot \cos\sphericalangle BMC \qquad |+2 \cdot \overline{BM} \cdot \overline{CM} \cdot \cos\sphericalangle BMC$$

$$\overline{BC}^2 + 2 \cdot \overline{BM} \cdot \overline{CM} \cdot \cos\sphericalangle BMC = \overline{BM}^2 + \overline{CM}^2 \qquad |-\overline{BC}^2$$

$$2 \cdot \overline{BM} \cdot \overline{CM} \cdot \cos\sphericalangle BMC = \overline{BM}^2 + \overline{CM}^2 - \overline{BC}^2 \qquad |:(2 \cdot \overline{BM} \cdot \overline{CM})$$

$$\cos\sphericalangle BMC = \frac{\overline{BM}^2 + \overline{CM}^2 - \overline{BC}^2}{2 \cdot \overline{BM} \cdot \overline{CM}}$$

$$\cos\sphericalangle BMC = \frac{(15\text{ cm})^2 + (15\text{ cm})^2 - (10\text{ cm})^2}{2 \cdot 15\text{ cm} \cdot 15\text{ cm}}$$

$$\cos\sphericalangle BMC = \frac{350\ \cancel{\text{cm}^2}^{\,1}}{450\ \cancel{\text{cm}^2}_{\,1}}$$

$$\cos\sphericalangle BMC = \frac{7}{9}$$

$$\sphericalangle BMC \approx 38{,}9°$$

Hinweis: Zu beachten ist die GTR-Einstellung „Deg“.

Ergebnis: Der Winkel $\underline{\underline{\sphericalangle BMC}}$ ist rund $\underline{\underline{38{,}9°}}$ groß.

2. Möglichkeit:

Die Strecke $\overline{ML}$ halbiert den gesuchten Winkel $\gamma = \sphericalangle BMC$ und das gleichschenklige Dreieck BCM in zwei kongruente rechtwinklige Dreiecke.

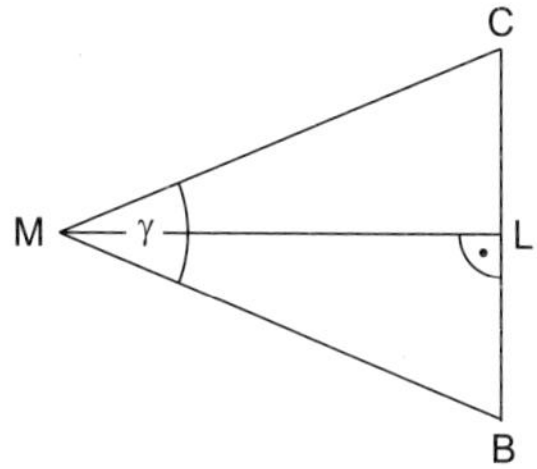

Für das Dreieck BLM gilt nach Definition:

$$\sin\frac{\gamma}{2} = \frac{\frac{\overline{BC}}{2}}{\overline{BM}}$$

$$\sin\frac{\gamma}{2} = \frac{5\ \text{cm}}{15\ \text{cm}} = \frac{1}{3}$$

$$\frac{\gamma}{2} \approx 19{,}47° \qquad |\cdot 2$$

$$\gamma = \sphericalangle BMC \approx 38{,}9°$$

Ergebnis: Der Winkel $\underline{\underline{\sphericalangle BMC}}$ ist rund $\underline{\underline{38{,}9°}}$ groß.

2.3 Das Volumen der Pyramide (vgl. Skizze in Teilaufgabe 2.1) berechnet man unter Anwendung der allgemeinen Formel:

$$V = \frac{1}{3} \cdot A_G \cdot h$$

A_G ↑ Flächeninhalt der Grundfläche der Pyramide

h ↑ Höhe der Pyramide

Grundfläche: ABCD
Pyramidenhöhe: $\overline{MP} = \overline{AE} = 10\ \text{cm}$

$$V = \frac{1}{3} \cdot \overline{AB}^2 \cdot \overline{AE}$$

$$V = \frac{1}{3} \cdot (10\ \text{cm})^2 \cdot 10\ \text{cm}$$

$$V = \frac{1\,000}{3}\ \text{cm}^3$$

Ergebnis: Das Volumen der Pyramide beträgt $\underline{\underline{\frac{1\,000}{3}\ \text{cm}^3}}$.

3.1.1 $\underline{\underline{6\,\%}}$

Erklärung der Lösung:
Die Schnittlinie der Ablaufrinne liegt auf dem Graphen der Funktion g mit

$$g(x) = -\frac{3}{50} \cdot x + \frac{106}{25} \quad (x \in \mathbb{R}).$$

Der Graph dieser linearen Funktion ist eine Gerade. Der Koeffizient $m = -\frac{3}{50}$ beschreibt den Anstieg dieser Geraden und kennzeichnet mit dem negativen Vorzeichen eine fallende Gerade.
Ohne Berücksichtigung des Vorzeichens kann der Betrag des Anstiegs als gemeiner Bruch, aber auch in Prozent angegeben werden:

$$m = \frac{3}{50} = \frac{6}{100} = 0{,}06 = 6\,\%$$

3.1.2 Der Punkt $B(x_B \mid f(x_B))$ liegt sowohl auf dem Graphen der Funktion f als auch auf dem Graphen der Funktion g. Die x-Koordinate $x_B = 4$ wird durch die rechte Intervallgrenze des Definitionsbereiches der Funktion f festgelegt. Der zugeordnete Funktionswert kann berechnet werden.

$$f(4) = \frac{1}{4} \cdot 4^2 = \frac{1}{\cancel{4}^{1}} \cdot \cancel{16}^{4} = 4$$

Ergebnis: Das Wasser läuft ab einer Wasserspiegelhöhe von $\underline{\underline{4\text{ m}}}$ über die Ablaufrinne.

3.1.3 Der Punkt A liegt auf dem Graphen der Funktion f, deren Gleichung mit

$$f(x) = \frac{1}{4} \cdot x^2 \quad (x \in \mathbb{R}; -8 \le x \le 4)$$

gegeben ist.
Im Punkt A beginnt der Parabelabschnitt. Die x-Koordinate ergibt sich somit aus dem kleinsten Argument des Definitionsbereiches:
$x_A = -8$
Diesem Argument ist der Funktionswert

$$y_A = f(-8) = \frac{1}{4} \cdot (-8)^2 = \frac{1}{\cancel{4}^{1}} \cdot \cancel{64}^{16} = 16$$

der Funktion f zugeordnet.
Somit besitzt der Punkt A die Koordinaten $\underline{\underline{x_A = -8 \text{ und } y_A = 16}}$.

3.1.4 Der Sachverhalt ist an der Skizze verdeutlicht. Schaut man vom Punkt P aus in das Wasserbecken, so ist die ungehinderte Sicht ab einer Grenzgeraden AP möglich. Die Gerade AP trifft im Punkt Q auf die Parabel (Graph der Funktion f). Diese Gerade AP kann durch den Graphen einer linearen Funktion k beschrieben werden. Die y-Koordinate des Punktes Q legt den Mindestwert der Wasserspiegelhöhe h_{min} im Wasserbecken fest.

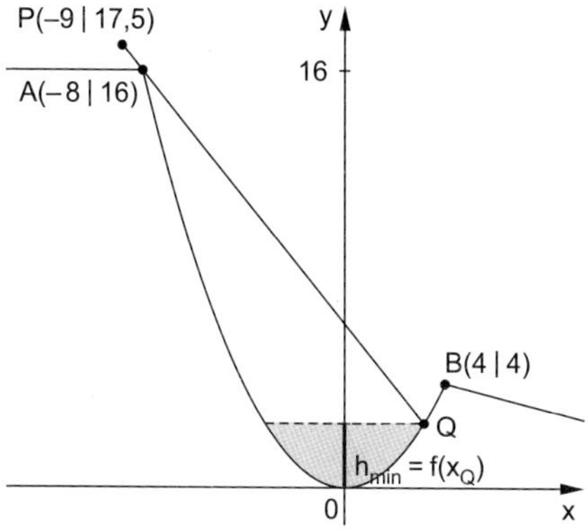

1. Möglichkeit: Rechnerische Lösung
Gegeben sind die Koordinaten der Punkte A und P.
A und P liegen auf dem Graphen einer linearen Funktion. Die Punktkoordinaten müssen die Gleichung $y = k(x) = m \cdot x + n$ erfüllen.

A(−8|16): (I) $16 = m \cdot (-8) + n$

P(−9|17,5): (II) $17{,}5 = m \cdot (-9) + n$

Das lineare Gleichungssystem kann mithilfe eines geeigneten Verfahrens (Einsetzungs-, Gleichsetzungs- oder Additionsverfahren) gelöst werden.
Das lineare Gleichungssystem kann auch mithilfe des EQUA-Menüs gelöst werden.
Da in der 2. Möglichkeit eine Nutzungsmöglichkeit des GTR vorgestellt wird, wird an dieser Stelle das Additionsverfahren dargestellt.

(I) $-8 \cdot m + n = 16$

(II) $-9 \cdot m + n = 17{,}5 \quad | \cdot (-1)$ ↓+

$m = -1{,}5$

m wird in die Gleichung (I) eingesetzt und n berechnet:

$-8 \cdot (-1{,}5) + n = 16$

$12 + n = 16 \quad | -12$

$n = 4$

Die Gerade durch die Punkte A und P hat die Gleichung:

$y = k(x) = -1{,}5 \cdot x + 4$

Bestimmung des Schnittpunktes Q:

Die im Folgenden auftretende quadratische Gleichung kann auch unter Zuhilfenahme des EQUA-Menüs des GTR gelöst werden. Hier wird nur die schrittweise Lösung unter Verwendung der p-q-Formel (siehe 2. Möglichkeit der Aufgabe 7.2 des Teils A dieser BLF) gezeigt.

$$k(x) = f(x)$$

$$-1{,}5 \cdot x + 4 = \frac{1}{4} \cdot x^2 \qquad |+1{,}5 \cdot x - 4 \qquad (1{,}5 = \tfrac{3}{2})$$

$$0 = \frac{1}{4} \cdot x^2 + \frac{3}{2} \cdot x - 4 \qquad |\cdot 4 \qquad (\textit{Hinweis:}\text{ Normalform herstellen})$$

$$0 = x^2 + 6 \cdot x - 16 \qquad |\, p = 6;\, q = -16$$

$$x_{1/2} = -\tfrac{6}{2} \pm \sqrt{\left(\tfrac{6}{2}\right)^2 - (-16)}$$

$$x_{1/2} = -3 \pm \sqrt{9+16}$$

$$x_{1/2} = -3 \pm \sqrt{25}$$

$$x_1 = -3 + \sqrt{25} \qquad x_2 = -3 - \sqrt{25}$$

$$x_1 = -3 + 5 \qquad x_2 = -3 - 5$$

$$x_1 = 2 \qquad x_2 = -8$$

Es wird hier nur $x_1 = 2$ betrachtet, da $x_2 = -8$ die x-Koordinate des Punktes A ist, der schon betrachtet wurde, d. h., es gilt $x_Q = 2$.

$$h_{min} = f(x_Q) = f(2) = \frac{1}{4} \cdot 2^2 = \frac{1}{4} \cdot 4 = 1$$

Der Punkt Q hat die Koordinaten $x_Q = 2$ und $y_Q = 1$.

Ergebnis: Die Höhe des Wasserspiegels muss wenigstens 1 m betragen, um ihn von P aus sehen zu können.

2. Möglichkeit:

Der GTR kann hier effektiv eingesetzt werden. Es wird sich auf ein Vorgehen beschränkt.
Die Punkte A und P liegen auf einer Geraden. Die Gerade kann durch den Graphen einer linearen Funktion der Form $y = k(x) = m \cdot x + n$ beschrieben werden.

Die Gleichung der Geraden durch die Punkte A und B kann über die lineare Regression und mithilfe des STAT-Menüs des GTR ermittelt werden.

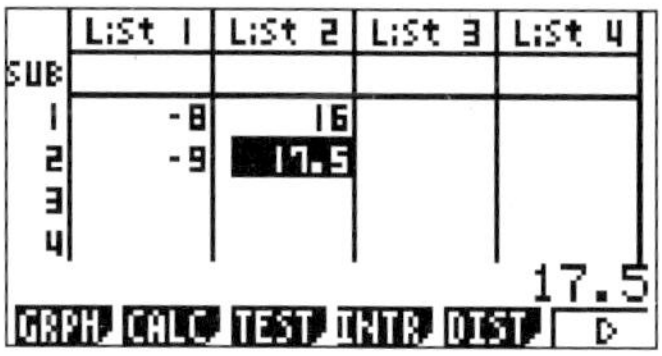

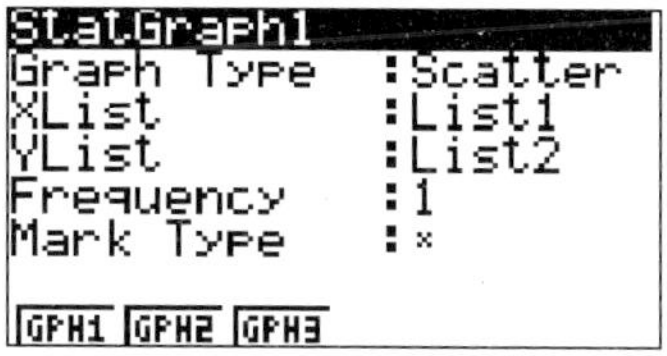

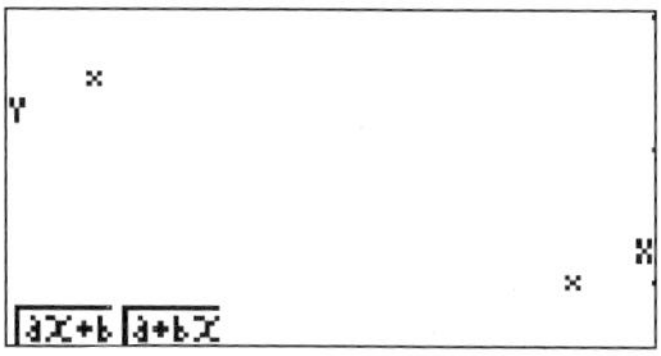

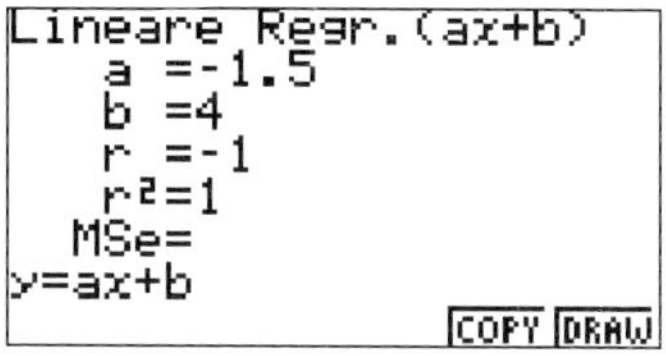

Die Gerade durch die Punkte A und P hat die Gleichung $y = k(x) = -1{,}5 \cdot x + 4$. Sie schneidet den Graphen der Funktion f, die mit der Gleichung $f(x) = \frac{1}{4} \cdot x^2$ gegeben ist, in den Punkten A und Q. Die Koordinaten dieser Punkte können ebenfalls mit dem GTR ermittelt werden.

Hier wird nur eine Möglichkeit im GRAPH-Menü des GTR dargestellt.

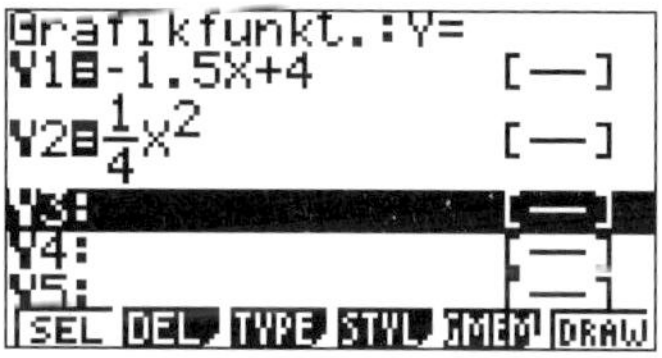

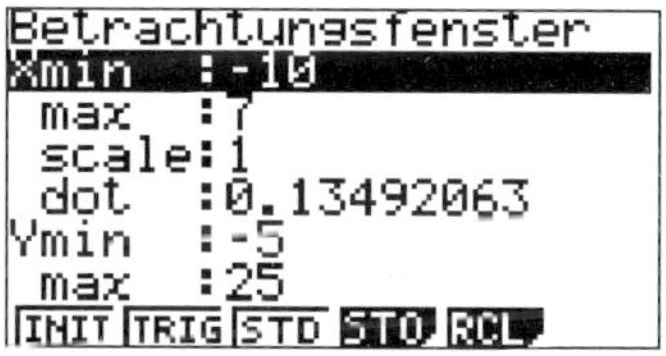

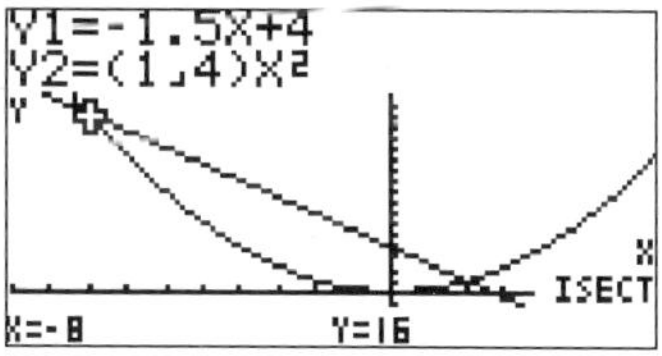

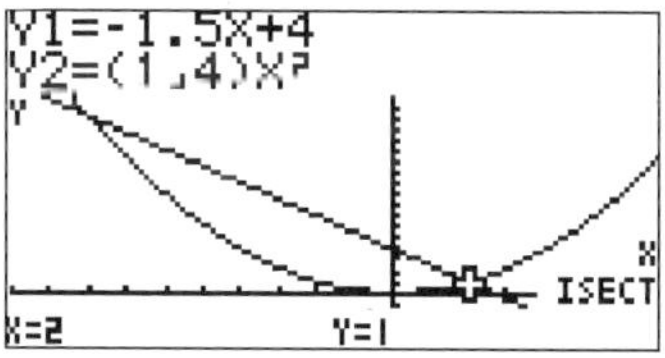

A(–8 | 16) Q(2 | 1)

Ergebnis: Die Höhe des Wasserspiegels muss wenigstens 1 m betragen, um ihn von P aus sehen zu können.

3.2.1 Aussage 1: wahr

Aussage 2: wahr

Aussage 3: falsch

Erklärung der Lösung:

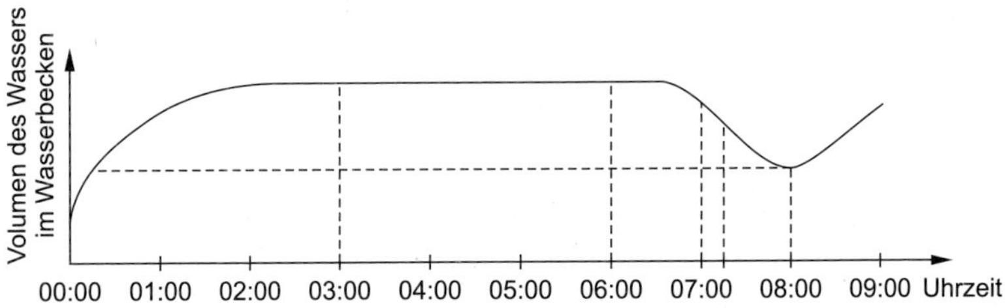

Zu Aussage 1:
Wenigstens im Zeitraum von 03:00 Uhr bis 06:00 Uhr verläuft der Graph der Funktion als Gerade parallel zur x-Achse. Der Anstieg dieser Geraden ist null. Es gab somit keine Zu- oder Abnahme des Wasservolumens für mindestens 3 Stunden.

Zu Aussage 2:
Zwischen 07:00 Uhr und 07:15 Uhr ist der Graph der Funktion monoton fallend. Das Wasservolumen verringerte sich also.

Zu Aussage 3:
Gegen 08:00 Uhr befand sich nicht das kleinste Wasservolumen im Wasserbecken. Der Wert zum Beobachtungsbeginn 00:00 Uhr war geringer.

3.2.2 Aussage 4: wahr

Um 01:00 Uhr verläuft der Graph der Funktion steiler als um 01:30 Uhr. Diese Steilheit ist ein Maß für die Schnelligkeit der Volumenänderung des Wassers im Wasserbecken: Je steiler der Graph verläuft, umso stärker ist die Volumenänderung.

Besondere Leitsungsfeststellung Mathematik Sachsen
2023

Um Ihnen die Prüfung 2023 schnellstmöglich zur Verfügung stellen zu können, bringen wir sie in digitaler Form heraus.

Sobald die Original-Prüfungsaufgaben 2023 freigegeben sind, können sie als PDF auf der Plattform **MyStark** heruntergeladen werden (Zugangscode vgl. Umschlag-innenseite).

Aktuelle Prüfung

www.stark-verlag.de/mystark